电力通信
光缆施工工艺
及典型案例

国网浙江省电力有限公司 / 编著

企业管理出版社
ENTERPRISE MANAGEMENT PUBLISHING HOUSE

图书在版编目（CIP）数据

电力通信光缆施工工艺及典型案例 / 国网浙江省电

力有限公司编著. -- 北京 : 企业管理出版社, 2024.9

ISBN 978-7-5164-2938-9

Ⅰ. ①电… Ⅱ. ①国… Ⅲ. ①电力通信系统—光纤通

信—通信线路—工程施工—案例 Ⅳ. ①TN915.853

中国国家版本馆CIP数据核字(2023)第186416号

书　　名：电力通信光缆施工工艺及典型案例
书　　号：ISBN 978-7-5164-2938-9
作　　者：国网浙江省电力有限公司
策　　划：蒋舒娟
责任编辑：刘玉双
出版发行：企业管理出版社
经　　销：新华书店
地　　址：北京市海淀区紫竹院南路17号　　邮　　编：100048
网　　址：http://www.emph.cn　　电子信箱：metcl @126.com
电　　话：编辑部（010）68701661　发行部（010）68701816
印　　刷：北京亿友数字印刷有限公司
版　　次：2024年9月第1版
印　　次：2024年9月第1次印刷
开　　本：700毫米 × 1000毫米　1/16
印　　张：14印张
字　　数：190千字
定　　价：88.00元

编 委 会

前　言

　　电力通信光缆作为电网运行的神经网络骨干，承载了大量电网生产办公业务，是电力系统安全稳定运行及生产活动中不可缺少的重要组成部分。电力通信光缆网规模庞大并持续扩充，其建设、运维环节面临诸多挑战。国网浙江省电力有限公司组织一线技术人员研究梳理了相关现行国家、行业、企业标准及文件，总结提炼全省电力通信光缆施工及运维工作优秀经验，编写了本书。

　　本书共分为三部分，共 19 章。第一部分为第 1～3 章，介绍了光缆工程的检验与测试，包含通信光缆工厂验收、单盘开箱检验以及验收测试等内容；第二部分为第 4～12 章，分别阐述了电力通信 OPGW、ADSS、OPPC、普通架空光缆、管道（管廊）光缆、海底光缆、MASS、导引光缆及光缆接续的施工工艺要求，配以安装工艺示意图、实物图等，可为通信光缆施工、监理、验收提供指导和参照；第三部分为第 13～19 章，分类介绍了电力通信 OPGW、ADSS、普通架空光缆、管道光缆、导引光缆、OPPC、海底光缆以及异构光缆的各类典型案例，对其进行分析研究，总结了一系列防治措施、经验。

　　本书可供电力通信工程、运维相关技术人员及专业管理人员阅读，为电力系统各类通信光缆施工及运维工作提供指导和参考，对电网公司、发电企业及其他通信相关行业光缆及其附属设备的安装具有参考价值,亦可作为相关专业岗前或在职培训教材使用。由于编写时间仓促,书中难免存在疏漏之处,恳请广大读者批评指正。

编　者

2024 年 5 月

目　录

第一部分

光缆工程的检验与测试

第1章

通信光缆工厂验收

通信光缆工厂验收是指在光缆供货前，由建设单位组织工程相关单位，在光缆生产厂家对供货光缆的功能和性能进行抽样检验，必要时可安排驻场监造。验收主要内容包括光缆的结构尺寸、光学性能、机械性能、金具配合、环境性能指标的检测，工厂验收测试组应提交验收报告，验收不合格的产品不得出厂。不同类型光缆的工厂验收内容、方法和判定依据按照相关国家标准和行业标准规定执行。本章重点介绍光纤复合架空地线光缆（Optical Power Ground Wire，OPGW）的抗拉、应力 - 应变、过滑轮等机械性能及滴流、渗水等环境性能的验收内容。

1.1 OPGW 抗拉、应力－应变试验

1.1.1 试验目的

抗拉、应力 - 应变试验用于确定光单元在拉力负荷下的光学特性（光衰减率的变化）及应力极限几项机械特性。抗拉、应力 - 应变试验应按照 GB/T 1179—2017 及 DL/T 832—2016 执行。

1.1.2　试验装置

抗拉、应力-应变试验装置是由卧式拉力试验机（如图1-1所示）、光纤色散测试仪、光时域反射仪（optical time-domain reflectometer，OTDR）组成的光纤综合测试仪（如图1-2所示）。在进行光纤衰减测量时，光源和光功率计应分别安装在被测光纤两端，被测样品的两端在受力前应采用工程配套金具固定，以确保光单元不发生相对于光缆的位移。

图1-1　卧式拉力试验机　　　　　　　　图1-2　光纤综合测试仪

1.1.3　试验方法

试验时光纤长度不小于100m，将光缆样本安装在拉力试验机上，熔接光纤串接为一个单环，测量光纤添加不同负荷时在1550nm波长段的损耗，在添加负载前后均应将光纤放松至起始负荷。在测量时，以1Hz的取样频率监控光缆负荷、光纤损耗、光纤应变和光缆应变，操作步骤如下：

① 将初负荷加至2%额定拉断力（rated tensile strength，RTS），将光缆拉直，之后去除负荷，在无拉力条件下安装应变仪；

② 将负荷增加至30% RTS，保持30min，在5min、10min、15min和30min后读数，之后卸载至初负荷；

③ 重新施加负荷至50% RTS，保持1h，在5min、10min、15min、30min、45min和60min后读数，而后卸载至初负荷；

④ 重新施加负荷至 70% RTS，保持 1h，在 5min、10min、15min、30min、45min 和 60min 后读数，而后卸载至初负荷；

⑤ 重新施加负荷至 85% RTS，保持 1h，在 5min、10min、15min、30min、45min 和 60min 后读数，而后卸载至初负荷；

⑥ 重新施加负荷直至光缆破断，在均匀增加直至达到 85% RTS 前，以如前时间间隔读取抗力和伸长读数。

试验期间应保持相同速率匀速施加负荷，以 1 ～ 2min 达到 30% RTS 为宜。

试验测量获取光纤损耗变化、光纤应变、应变极限数据如图 1-3 所示。

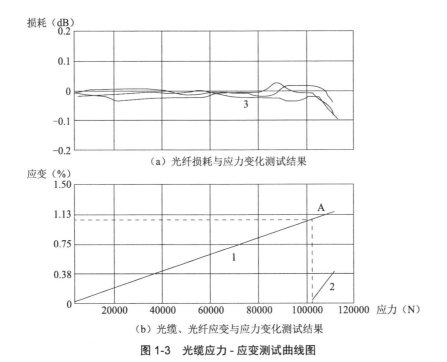

（a）光纤损耗与应力变化测试结果

（b）光缆、光纤应变与应力变化测试结果

图 1-3 光缆应力 - 应变测试曲线图

图 1-3 中，曲线 1 为光缆应变，曲线 2 为光纤应变，曲线 3 为光纤损耗特性，A 点为光缆受到一定应力后光纤开始发生应变的临界点，此时光缆的应变量等效于光纤余长。

1.1.4　试验要求

① 在光缆应力达到年平均运行张力（everyday stress，EDS）18% ～ 25%RTS 时，光纤应无应变，无附加损耗。

② 在达到最大允许张力（maximum allowable tension，MAT）40%RTS 时，光纤应变应在 0.05%（层绞式）、0.1%（中心管式）以下，且无附加损耗；在 MAT 负载下，光纤损耗率发生永久性或暂时性的增加，若其值大于指定值，视为试验失败。

③ 在达到极限运行张力（ultimate operation strength，UOS）60%RTS 时，光纤应变在 0.35%（层绞式）、0.5%（中心管式）以下，光纤附加损耗应在张力解除后恢复正常。光纤的极限应力小于 UOS 时，视为试验失败。

④ 在未到达 95% RTS 应力作用下，OPGW 光缆的组成元件 [AS（铝包钢）线、AA（铝合金）线及光纤单元] 断裂，视为试验失败。

试验中光缆、光纤、光单元间相对滑移时，视为试验失败。

1.2　OPGW 过滑轮试验

1.2.1　试验目的

过滑轮试验用于验证 OPGW 在推荐尺寸的滑轮上滑动时不会损坏或降低性能指标，应按照 DL/T 832—2016 执行。

1.2.2　试验装置

过滑轮试验的典型装置如图 1-4 所示，被测样品两端使用适当的线夹固定，光源和光功率计分别安装在被测光纤两端以测量光纤损耗。在进行测试前，应标明被测试段的起始点、中点及终点。测试结束后，测量光缆及其组件的椭圆度，并与相应标识处的最大允许椭圆度（maximum allowable oxygen contents，MAOC）进行比较。

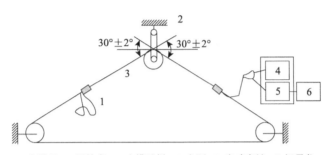

1-光纤环 2-滑轮座 3-光缆试样 4-光源 5-光功率计 6-记录仪

图1-4 OPGW过滑轮试验典型装置示意图

1.2.3 试验方法

① 将OPGW样本安装在滑轮设备上，试验光缆长度不小于100m，介于耐张金具安装点间的部分不小于5m，将光纤熔接为一个单环测量光纤衰耗。

② 通过不小于40倍光缆直径的滑轮，将光缆向前和向后分别拉动10次，拉力为15% RTS，拉动长度为2m，包络角为30°。

③ 第1次和第10次光缆通过滑轮时，使用千分尺分别测量被拉动部分的开始点、中间点和结束点的光缆直径。试验结束后剥离外层绞线，在上述标明的各位置测量光单元管直径。

1.2.4 试验要求

① 试验结束后，在1550nm波长下，被测光纤损耗不超过0.01dB/km，出现任何超过指定值的永久性损耗增加时，视为试验失败。

② 光单元的椭圆度不超过其 MAOC 的 10%。

③ 被测 OPGW 应无损坏发生。

1.3 滴流试验

1.3.1 试验目的

滴流试验用于评定 OPGW 光单元中填充复合物和涂覆复合物的滴流性能，证实在要求温度下填充油膏不会从光单元流出或滴出，应按照 GB/T 7424.22—2021 执行。

1.3.2 试验装置

滴流试验装置如图 1-5 所示。

图 1-5 滴流试验装置

1.3.3 试验方法

从 OPGW 截取 5 段试样，每段长 300±5mm，将试样一端所有金属绞线去除 130±2.5mm，露出光单元；垂直悬挂光单元样品在温度为 70±1℃的烘箱中，保持 24h。

1.3.4 试验要求

24h 后，在温度为 70℃的环境下，OPGW 光单元中应无填充复合物和涂覆复合物流出或滴出。

1.4 渗水试验

1.4.1 试验目的

渗水试验用于评定光单元（含有阻水材料）的阻水性能，证实光单元防止水浸入的能力，应按照 GB/T 7424.22—2021 执行。

1.4.2 试验装置

渗水试验装置如图 1-6 所示。

1.4.3 试验方法

在试验温度为 25±5℃的环境下，取 1m 长的 OPGW 光单元试样，连接到浸水装置上，使用荧光染料水溶液对试样中心形成 100±5cm 高的水柱压力，并保持 1h。

图 1-6 渗水试验装置

1.4.4　试验要求

1h 后，用紫外灯检查光单元的另一端是否有荧光染料，如无染料水溶液渗出，则判定为合格。若第一个样品失败，应取光缆附近的另一段再次试验，如测试合格可判定为合格，如再次失败则不合格。

主要参考资料

DL/T 832—2016 《光纤复合架空地线》

GB/T 1179—2017 《圆线同心绞架空导线》

GB/T 7424.22—2021 《光缆总规范 第 22 部分：光缆基本试验方法 环境性能试验方法》

第2章

通信光缆单盘开箱检验

本章主要介绍通信光缆单盘开箱检验及相关测试流程与要求。光缆的单盘开箱检验指在到货施工前，对到货光缆规格、型式、外观、特性、数量等进行核对清点及检查测试，确认光缆供货符合设计文件或合同规定的相关要求。

2.1 单盘检验的一般要求

2.1.1 场所要求

单盘检验一般在光缆送达施工现场时进行。若在其他收货地点进行检验，则运达施工现场后应再次进行外观检查及损耗测量，确认经运输后光缆货物无损伤，之后方可用于施工。

2.1.2 准备工作

①熟悉施工图、设计文件及合同，了解光缆规格等技术指标。

② 核对各盘到货光缆出厂合格证、出厂测试记录等，如图 2-1、图 2-2 所示。

③ 准备必要的测量仪表及测试用线缆、测试结果记录表等材料。

图 2-1 单盘光缆合格证

光纤衰减常数测试附件

产品合格证书编号：20230715-1　　　　　　　　　　　　　　　　单位：dB/km

钢管	测试波长	色					谱							备注
A管	光纤号	蓝 1	桔 2	绿 3	棕 4	灰 5	白 6	红 7	黑 8	黄 9	紫 10	粉红 11	青绿 12	1-12为B1纤无色环
	1310nm	0.332	0.335	0.335	0.335	0.336	0.338	0.333	0.337	0.338	0.331	0.337	0.334	
	1550nm	0.186	0.196	0.195	0.197	0.186	0.196	0.192	0.190	0.187	0.187	0.196	0.196	

钢管	测试波长	色					谱							备注
A管	光纤号	蓝 13	桔 14	绿 15	棕 16	灰 17	白 18	红 19	黑 20	黄 21	紫 22	粉红 23	青绿 24	13-24为B1纤单色环
	1310nm	0.334	0.336	0.334	0.335	0.337	0.333	0.333	0.332	0.335	0.331	0.336	0.334	
	1550nm	0.196	0.195	0.195	0.192	0.193	0.192	0.195	0.197	0.186	0.189	0.197	0.193	

钢管	测试波长	色					谱							备注
B管	光纤号	蓝 1	桔 2	绿 3	棕 4	灰 5	白 6	红 7	黑 8	黄 9	紫 10	粉红 11	青绿 12	1-12为B1纤无色环
	1310nm	0.331	0.330	0.335	0.332	0.336	0.332	0.334	0.337	0.331	0.331	0.332	0.333	
	1550nm	0.192	0.189	0.196	0.196	0.196	0.189	0.194	0.186	0.186	0.185	0.192	0.191	

钢管	测试波长	色					谱							备注
B管	光纤号	蓝 13	桔 14	绿 15	棕 16	灰 17	白 18	红 19	黑 20	黄 21	紫 22	粉红 23	青绿 24	13-23为B1纤单色环为B1纤双色环
	1310nm	0.334	0.338	0.334	0.336	0.335	0.337	0.335	0.338	0.331	0.330			
	1550nm	0.196	0.193	0.192	0.197	0.199	0.192	0.187	0.191	0.192				

图 2-2 单盘光缆出厂测试记录

2.1.3 检验记录

应采用表 2-1 进行光缆现场单盘开箱检验记录，核对到货光缆各项信息，并在缆盘标注清楚盘号、端别、长度、型式、使用段等。

表 2-1 光缆现场单盘开箱检验记录

年   月   日

工程名称		线路名称		项目编号	
施工单位			开箱地点		
生产厂家			出厂日期	到货日期	
检验人			记录人		
序号	检验项目		检验要求	检验记录	
1	光缆名称				
2	光缆规格、型号		符合订货合同规定		
3	光缆长度：（合同／供货）		符合订货合同规定		
4	起止杆塔／井孔号				
5	包装箱号		厂家提供		
6	包装方式		符合订货合同规定		
7	包装箱外观、标识		符合订货合同规定		
8	光缆外观		符合订货合同规定		
9	出厂检验记录		厂家提供		
10	产品合格证		厂家提供		
检验结论：					
备注：					
施工单位代表：		监理单位代表：		建设单位代表：	

2.1.4 检后存放

检验合格后的单盘光缆应及时恢复包装，将光缆端头密封并进行固定处理，重新钉上缆盘护板，并将缆盘放置于安全的位置。

2.1.5 注意事项

检验中若发现存在质量问题或不符合设计、合同要求的光缆，应及时通过拍照、书面等方式做好相关记录，不得随意在工程中使用，并联系相关供货人员处理。

2.2 外观检查

检查光缆盘包装是否损坏，并开盘检查光缆外层有无损伤、散股，光缆端头封装是否良好，如图 2-3 所示。如有损坏应通过拍照或摄像取证并详细记录。

图 2-3 单盘光缆外观检查

2.3 光缆单盘损耗测量

2.3.1 一般要求

① 单盘测试损耗测量是对到货光缆光纤长度、衰耗等传输特性的检验。

② 应选择性能与精度较高的测量仪表，并经过校准。

③ 测量方法要求规范化，在施工现场单盘测量宜采取非破坏性方法，一般选择 ITU-T（国际电信联盟电信标准分局）建议的后向测量法。

④ 应具备一名具有一定实践经验和分析能力的技术负责人，以便指导工作和分析、解决问题，测试人员应具备光纤通信测试能力。

2.3.2 测量方法

光缆单盘损耗测试一般采用后向测量法。后向测量法是利用后向散射技术测量光纤损耗的方法，又称后向法或光时域反射仪（OTDR）法，是一种非破坏性的单端测量方法，该方法使用 OTDR 进行测试，具有测试精度高、操作便捷、效率高等优点，适用于现场测量。

测量时，使用耦合器将单盘光缆纤芯与 OTDR 进行耦合连接测量，在电力通信光缆单盘损耗测试中，波长挡位一般选择 1550nm。测量方法如图 2-4、图 2-5 所示。

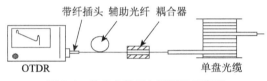

图 2-4　单盘光缆后向测量法示意图

图 2-5　单盘光缆后向测量现场图

由于 OTDR 仪器存在一定的测试盲区，测量时在被测光纤可能出现事件点漏测或测试衰耗偏大的情况，因此可在仪表与被测光纤之间使用耦合器接入 1 ～ 2km 辅助光纤，以获得更为准确的测量结果。

2.3.3　测量结果分析

后向测量法可同时获得光缆后向信号曲线、光纤长度、光纤损耗的检测结果。查看测量结果时，应注意光标位置点的选择，待测光缆盘长度起始点应置于辅助光纤台阶末端，结束点应置于末端反射峰前，测量结果如图 2-6 所示。当纤芯质量良好时，后向散射曲线均匀，斜率平缓。测试曲线应无台阶形落差、过大的斜率、菲涅尔反射点（光纤微裂）、非末端反射峰（断点）等不良事件。应采用表 2-2 对光缆单盘损耗测试结果进行记录。

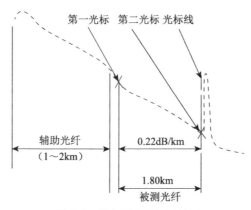

图 2-6　后向测量法测量结果

表 2-2　光缆单盘损耗测试记录

年　　月　　日

线路名称		使用区段		测试地点	
光缆厂家		光缆型号		光缆芯数	
仪表厂家		仪表型号		测试方法	
盘号		合同长度（m）		盘标长度（m）	
合同规定损耗指标（波长 1550nm）≤					
测试参数	波长：1550nm　　　　折射率：　　　　平均化时间： 脉宽：　　　　　　　　测试范围：				
测试人		记录人			

光纤分组	序号/ 色谱	实测长度	实测衰耗 （dB）	光纤分组	序号/ 色谱	实测长度	实测衰耗 （dB）
	1/				25/		
	2/				26/		
	3/				27/		
	4/				28/		
	5/				29/		
	6/				30/		
	7/				31/		
	8/				32/		
	9/				33/		
	10/				34/		
	11/				35/		
	12/				36/		
	13/				37/		
	14/				38/		
	15/				39/		
	16/				40/		
	17/				41/		
	18/				42/		
	19/				43/		
	20/				44/		
	21/				45/		
	22/				46/		
	23/				47/		
	24/				48/		
检验结论：							
备注：							
施工单位代表：			监理单位代表：			建设单位代表：	

主要参考资料

DL/T 5344—2018　《电力光纤通信工程验收规范》

YD/T 1588.1—2006　《光缆线路性能测量方法 第 1 部分：链路衰减》

YD/T 1588.2—2006　《光缆线路性能测量方法 第 2 部分：光纤接头损耗》

YD/T 2758—2014　《通信光缆检验规程》

第3章

通信光缆验收测试

验收测试是依照工程设计或合同规定在工程项目进行验收时对光缆光传输特性各项指标进行的测试，验收测试内容包含线路衰耗测试、后向散射信号曲线测试，本章主要介绍电力通信光缆工程中的验收光学性能测试相关流程及要求。

在光缆工程的验收中，除了光纤光传输特性指标测试外，还应重点关注光缆线路、站端部分安装工艺情况。对于工程隐蔽部分应采取随工验收方式进行核查，对关键部分必须以拍照等方式存档，做好详细记录。具体光缆工程施工工艺要求可参考本书第二部分。

3.1 光缆线路衰耗测试

光缆线路验收时，应对光缆全部光纤进行线路衰耗测试，从光缆两端站点分别使用 1310nm、1550nm 的测试波长进行双向测试，测试步骤如下。

① 测试两端站点，检查各自仪表功能正常、测试尾纤完好。

② 一端站点使用光源进行发光，首先使用光源通过测试尾纤直接连接

光功率计，光功率计一般设置发光为连续状态（CW），波长为1310nm及1550nm，测量发端发光功率，如图3-1所示。

③ 发端将光源通过测试尾纤连接待测光纤，如图3-2所示，测试前应进行光纤连接部位清洁，接收端通过光功率计测量收端光功率。

图3-1　发端发光功率测量　　　　图3-2　发端站点光源发光

④ 收端同一序号纤芯接入光功率计，如图3-3所示，测试前应进行光纤连接部位清洁，待读数稳定后，测得光功率减去发端发光功率，即为线路单向衰耗值。

图3-3　收端站点光功率计测量

⑤ 重复上述步骤测量其他纤芯，完成后两端互换收发再次测量。

应采用表3-1对光纤衰耗进行测试记录。如测试发现两站端纤序错位、纤芯衰耗过大、断芯等问题，则光缆不能通过验收投运，应及时通知施工单位排查问题并完成整改。

表 3-1 光缆线路衰耗测试记录表

年　月　日

线路名称		测试站端 A			测试站端 B	
光缆型号		生产厂家			光纤芯数	
A 站光源型号		A 站发光功率			A 站光功率计型号	
B 站光源型号		B 站发光功率			A 站光功率计型号	

测试全程衰耗记录值（dB）　　测试波长：1310nm/1550nm

纤芯序号		收光功率	损耗	纤芯序号		收光功率	损耗	纤芯序号		收光功率	损耗
1	A→B			11	A→B			21	A→B		
	B→A				B→A				B→A		
2	A→B			12	A→B			22	A→B		
	B→A				B→A				B→A		
3	A→B			13	A→B			23	A→B		
	B→A				B→A				B→A		
4	A→B			14	A→B			24	A→B		
	B→A				B→A				B→A		
5	A→B			15	A→B			25	A→B		
	B→A				B→A				B→A		
6	A→B			16	A→B			26	A→B		
	B→A				B→A				B→A		
7	A→B			17	A→B			27	A→B		
	B→A				B→A				B→A		
8	A→B			18	A→B			28	A→B		
	B→A				B→A				B→A		
9	A→B			19	A→B			29	A→B		
	B→A				B→A				B→A		
10	A→B			20	A→B			30	A→B		
	B→A				B→A				B→A		

续表

纤芯序号		收光功率	损耗	纤芯序号		收光功率	损耗	纤芯序号		收光功率	损耗
31	A→B			33	A→B			35	A→B		
	B→A				B→A				B→A		
32	A→B			34	A→B			36	A→B		
	B→A				B→A				B→A		
测试人：				施工单位：				建设单位：			

3.2　光缆全程后向散射信号曲线测试

竣工验收时应逐芯使用 OTDR 测试后向散射曲线，可通过曲线衰减特性观察光缆线路接头熔接质量，发现光纤熔接点是否可靠，有无异常，光纤衰耗分布是否均匀，光纤全长有无损伤、台阶等异常现象。测试操作步骤如下。

① 清洁测试光纤接头，连接 OTDR 与待测光缆纤芯。

② 测试参数设置。

a. 光纤参数：折射率与后向散射系数参数应根据光纤生产厂家提供的数据进行设置，设置值越准确越能提高测量精度。

b. 波长选择：1310nm 及 1550nm。

c. 脉宽选择：5km 以下线路通常选择 50ns，10km 以下线路通常选择 100ns，40km 左右线路通常选择 300ns，50 ～ 80km 线路通常选择 500ns，80km 以上线路通常选择 1000ns，现场操作可根据线路实际情况进行调整。

d. 量程选择：通常按照待测光纤 1.5 ～ 2 倍长度进行设置。

e. 平均时间：平均时间越长越能减少测量固有随机噪声的影响，信噪比越高，通常根据线路实际长度进行选择。

③ 开始测试。

④ 保存、分析测试曲线结果，如图 3-4 所示。

图 3-4　使用 OTDR 测试光纤后向散射曲线

应在光缆两端站点均完成测试，测试应保存各纤芯测试结果图形，并采用表 3-2 进行测试记录。

对于超过 150km 的线路，长度可能超出 OTDR 测量的动态范围，此时可从光缆两端站点分别测量，可选择位于光缆全程约 1/2 处参照点进行研判，相加获取光缆全长及线路损耗等信息。

表 3-2　光缆全程后向散射信号曲线测试记录表

光缆名称							
测试站点		对端站点		光缆类型		光缆芯数	
施工单位				测试站点			
测试波长		脉宽		折射率		测试日期	
仪表型号		仪表厂家		测试人		联系方式	

续表

纤芯	测试长度 （km）	全程总损耗 （dB）	平均损耗 （dB/km）	事件点记录	备注
1					
2					
3					
4					
5					
6					
7					
8					
9					
10					
11					
12					
13					
14					
15					
16					
17					
18					
19					
20					
21					
22					
23					
24					
……					
结论					

主要参考资料

DL/T 5344—2018 《电力光纤通信工程验收规范》

YD/T 1588.1—2006 《光缆线路性能测量方法 第 1 部分：链路衰减》

YD/T 1588.2—2006 《光缆线路性能测量方法 第 2 部分：光纤接头损耗》

YD/T 2758—2014 《通信光缆检验规程》

第二部分

通信光缆施工工艺

第4章

OPGW 施工工艺

本章主要介绍电力通信中最广泛应用的光纤复合架空地线光缆（Optical Power Ground Wire，OPGW）施工工艺。为保证 OPGW 架设的工程质量，必须使用合格的光缆及其配套金具和附件，落实组织措施、技术措施、安全措施，严格执行经过审批的施工方案，采用合适的施工机械和工器具，按照规定的架设工艺及流程进行作业，在施工过程中确保光缆所受的各种应力在允许范围之内，并始终防止光缆过度扭曲与弯折，光纤传输衰减及接续指标满足设计要求。

4.1 OPGW 施工准备

4.1.1 仓储与运输

OPGW 缆盘在仓储、运输时必须垂直放置，不允许横放。在仓储和运输中应有防移动的措施。运输中应使用适当的吊车或叉车，吊装应用合适的缆绳穿过缆盘轴孔，并使缆盘水平装卸；使用叉车时，叉脚长度应大于缆盘宽度，正确地于缆盘边插入，不允许与 OPGW 外层相碰。在仓储、运输过程中应避免损坏缆盘及包装。具体搬运方法如图 4-1 所示。

图 4-1　光缆搬运示意图

4.1.2　配盘核对与测试

OPGW 安装前应核对配盘合格证等信息，每盘光缆都应根据配盘表安装在指定区间，并使用光时域反射仪（OTDR）进行开盘测试，具体方法参阅本书第 2 章。

4.1.3　施工器具

1. 张力机

张力机轮的直径须大于 OPGW 直径的 70 倍并不小于 1200mm，机轮边缘不允许有毛刺或凹陷，轮槽应包覆橡胶或其他合适材料，其尺寸应与 OPGW 的外径吻合。常用张力机如图 4-2 所示。

图 4-2　常用张力机

2. 牵引机

牵引机应为有槽牵引轮结构，牵引速度须平稳可变。常用牵引机如图 4-3 所示。

图 4-3　常用牵引机

3. 牵引绳

为有效地保护光缆，架设过程中必须使用牵引绳。OPGW 牵引绳是连接在牵引机与张力机之间用于牵引光缆的少扭结构钢丝绳，在牵引受力后扭矩较小，不易产生金钩。

4. 放线滑轮

放线滑轮是光缆牵引中的施工器具，滑轮的轮槽应为尼龙或橡胶材质，以保护光缆。常用放线滑轮如图 4-4 所示。

图 4-4　常用放线滑轮

5.牵引网套和退扭器

牵引网套是通过连接牵引绳与光缆，牵引光缆通过滑轮的专用连接器具，如图4-5所示。网套附带抗弯连接器和旋转退扭器，以防止光缆在牵引过程中扭曲，如图4-6、图4-7所示。

图4-5　牵引网套

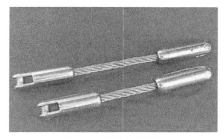

图4-6　抗弯连接器

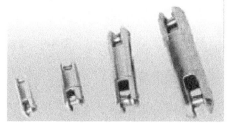

图4-7　旋转退扭器

6.紧线器

紧线器用于调节OPGW的弧垂和张力。常用紧线器如图4-8所示。

图4-8　常用紧线器

4.2 OPGW 架设工艺

4.2.1 施工准备阶段

1.牵张场布置

牵张场应选择合适的位置，保证进出口仰角小于 25°，水平偏角小于 7°。牵张机距离第一基塔至少为 2 倍塔高。缆盘支撑架距离张力机 10m 左右，在场地受限的情况下也必须大于 5m。牵张力场整体布置如图 4-9 所示。

场地受限时，牵引场和张力场均可通过转向滑车进行转向布置，转向滑车的设置应根据具体情况而定。

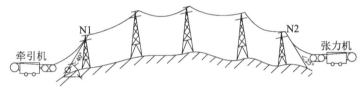

图 4-9　牵张场整体布置图

2.放线滑车挂设

部分塔位使用单个滑车不足以承受导线的垂直荷载，需要设置双滑车来减少单个滑车的荷载，一般用于山区地形前后挡距较大且自身较高，而前后杆塔位置较低、承受较大压力的直线塔。包络角大于 30° 时，需要设置双滑车，以减小 OPGW 在滑车上的弯曲半径，防止内部结构损伤。跨越高速公路、铁路、高电压等级电力线路时，需要在跨越挡两端杆塔设置双滑车，以提高放线滑车的安全系数。

单滑车挂设时，用钢丝套连接挂点金具，挂设于挂点处，如图 4-10 所示；双滑车挂设时，采用两副钢丝套，用卸扣将放线滑车挂在地线顶架的施工孔或 U 形螺丝上，如图 4-11 所示。距牵引机和放线机最近的 2 基杆塔处的放线滑车必须装有接地线。

图 4-10　单滑车挂设示意图

图 4-11　双滑车挂设示意图

4.2.2　OPGW 展放

1. 牵引绳展放

① 牵引绳一般采用无捻钢丝绳，通过导引绳逐级牵张转换，导引绳一般采用迪尼玛绳，通过飞行器展放。

② 当采用人力展放时，牵引绳盘成线卷后以人工方式分段展放，每段展放后即用抗弯连接器进行连接。

③ 当采用飞行器展放时，由飞行器进行悬空展放迪尼玛绳，利用小牵小张，以迪尼玛绳牵引钢丝绳。

④ 牵引绳之间的连接顺序为：牵引绳—抗弯 / 旋转连接器—牵引绳（如图 4-12 所示）。

图 4-12　牵引绳连接示意图

2. OPGW 展放

① 牵引绳与光缆的连接顺序为：防扭钢丝绳（牵引绳）—旋转连接器—牵引网套—OPGW，如图 4-13 所示。

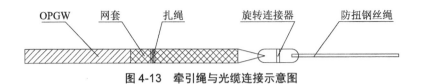

图 4-13　牵引绳与光缆连接示意图

②牵引绳与光缆连接好后，先松开牵引绳临锚装置，挂上接地滑车，全线情况正常后启动，启动顺序为，先开张力机，后开牵引机；停止顺序为，先停牵引机，后停张力机。

③牵引速度：牵引机应缓慢加速至 5m/min 的低速，如确认一切正常可平稳加速，牵引速度以 25m/min 左右为宜，最大不超过 35m/min。实际牵引速度应根据实际情况由基建指挥人员决定。

④转角塔位的放线滑车应利用拉线进行预偏，牵引过程中不断进行偏斜调整，以确保光缆在牵引过程中不跳槽，如图 4-14 所示。

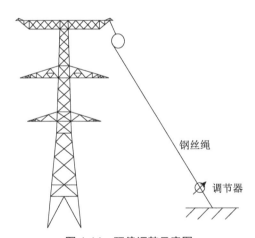

图 4-14　预偏调整示意图

⑤当张力机线轴中光缆只剩下 5～6 圈时应停止牵引，在张力机前用 OPGW 专用夹具或耐张预绞丝临锚，每次临锚应加平衡锤。将线盘内及张力机上的余线退出，如牵引即将到位，可在光缆的末端装上耐张预绞丝（装上平衡锤），用机动绞磨收紧，拆除临锚，牵引场再慢慢牵引，由机动绞磨慢

慢松出。

⑥ 如光缆从张力机松出后，还将牵引一段距离，则当线盘中光缆剩余5～6圈时，停机后将余线盘出，套上专用网套、抗弯旋转连接器、牵引绳后盘回线盘，并继续缓慢展放，直至光缆端头即将牵出张力轮时停机，装上耐张预绞丝（带平衡锤），使用绞磨助拉放出5～10m，将专用连接器换成旋转连接器后，在张力机上展放牵引绳。

⑦ 当光缆的端头牵引过放线区间，并达到设计规定的端头长度值时，应停止牵引，OPGW 展放结束。OPGW 牵张两端预留长度值至少为 OPGW 引至地面后 15m 余长。

⑧ 当牵张机设在耐张塔内时，牵引结束后，必须在两端的直线塔上作临时锚固，方可将线盘内 OPGW 盘成大圈，再将尾缆吊至塔上。

4.2.3 OPGW 紧线

OPGW 紧线根据实际情况通常分下列两种场合，各场合步骤如下。

1. 牵张段无耐张塔

牵张段中间无耐张塔时紧线如图 4-15 所示。

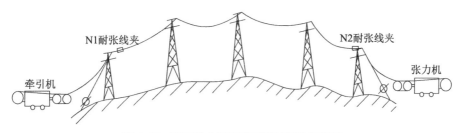

图 4-15 牵张段中间无耐张塔时紧线示意图

① 光缆展放结束后，在 N2 耐张塔上按设计留头长度画印，安装耐张线夹。

② N2 耐张塔光缆耐张线夹安装好后，于牵引场缓缓牵引，当 N1—N2 耐张区段内光缆驰度较设计安装驰度大 2 ～ 3m（观测档驰度）时，停止牵引。

③ 在 N1 耐张塔上出线 4 ～ 5m 外安装紧线预绞丝（配平衡锤），利用紧线器调整 N1—N2 驰度，达到标准时画印，安装耐张线夹后即紧线结束。同时于 N1—N2 各直线杆塔上画印后，即可进行直线塔附件安装。

2. 牵张段中间有连通的耐张塔（即 N3 无接续盒）

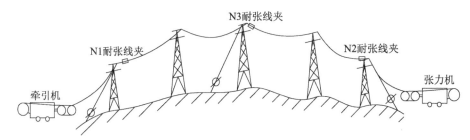

图 4-16　牵张段中间有耐张塔时紧线示意图

① 于 N2 塔按设计留头长度画印，安装耐张线夹。

② 进行 N2—N3 区段紧线，于 N3 塔两面同时连上紧线预绞丝及手扳葫芦并略收紧，随后收紧靠 N2 侧的链条葫芦进行紧线。

③ 当 N2—N3 驰度达到标准后，各直线塔画印，N3 塔靠 N2 侧安装耐张金具。

④ 量取设计所要求的引流长度，安装 N3 塔靠 N1 侧的耐张金具，回松该侧的链条葫芦。如 N2—N3 紧线后余线长度不够引流长度，则应收紧靠 N1 塔侧的链条葫芦，使引流长度满足要求。

⑤ 再进行 N3—N1 区段紧线。

4.2.4 OPGW 附件安装工艺

附件安装前应对已架设的光缆进行临时接地，光缆金具上的各种螺栓及销钉穿向应与其他地线金具的螺栓穿向一致。

1. 悬垂线夹的安装

① OPGW 紧线结束后，应及时安装悬垂线夹。特殊情况下，不能及时安装悬垂线夹时，在放线滑车内必须用尼龙绳固定滑车及 OPGW，防止 OPGW 磨损，如图 4-17 所示。

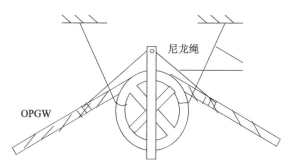

图 4-17 滑车内 OPGW 固定示意图

② 分别在大小号两侧采用光缆紧线预绞丝及链条葫芦将两侧 OPGW 收紧提升，拆除放线滑车，如图 4-18 所示。

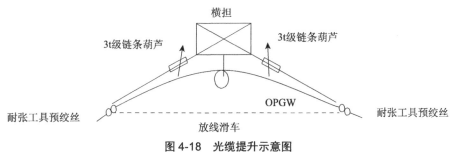

图 4-18 光缆提升示意图

③ 将内层护线条的标记对准画印点，如图 4-19 所示。顺从护线条绕向，由中心标记点向两端分别缠绕，护线条应逐根缠绕，如图 4-20 所示。两

端留 25 ～ 30cm 暂不缠绕，以便如需重新安装时拆出护线条，所有线条应间隔均匀。

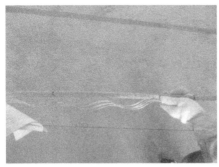
图 4-19　内层护线条标记对准画印点

图 4-20　护线条逐根缠绕

④ 内层护线条全部装上后，双手同时拧动所有的线条至尾端，使其就位。所有线条尾端应对齐，偏差应不超过 50mm，如图 4-21 所示。

图 4-21　线条尾端偏差不超过 50mm

⑤ 安装橡胶套（衬垫），将两片橡胶套从上下两个方向包裹光缆，胶套中心标记与已安装好的内层护线条中心标记对齐，并临时固定，如图 4-22所示。

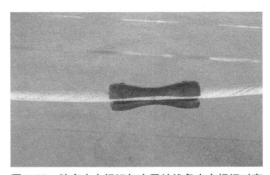
图 4-22　胶套中心标记与内层护线条中心标记对齐

⑥ 安装外层护线条，将第一根外层护线条置于胶套上，使其颜色标识向外按照护线条绕向将其缠绕在胶套和接地片上。缠绕长度应能保证胶套稳定。以相等的间隔安装剩下的线条。外层护线条应顺从胶套的弧形外廓安装。双悬垂线夹外层护线条中心应位于两个胶套中间，如图 4-23 所示。

⑦ 将悬垂线夹的夹板与悬吊金具连接并拧紧螺丝，松出链条葫芦，使悬垂金具串受力，如图 4-24 所示。

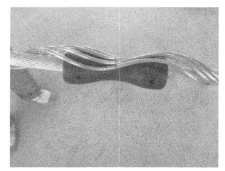

图 4-23　安装外层护线条

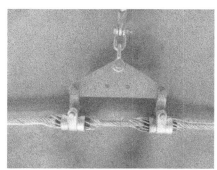

图 4-24　直线悬垂串示意图

2. 耐张线夹的安装

① 在安装内绞丝前，将预绞丝耐张线夹组件穿过心形环并使之与光缆平行。预绞丝上有绞合色标，在光缆与该色标接触处做上标记，作为安装内绞丝的定位标记。

② 安装内绞丝，将内绞丝的绞合安装色标（离线条端部较远的色标）对准光缆上所做标记，如图 4-25 所示，内绞丝从中间向两端同时缠绕，为易于重新安装，末端留下部分节距可暂不缠绕。

③ 第一组完成后，将第二组和第一组绞丝对齐，如图 4-26 所示，在光缆上将第二组绞丝绕 4～6 个节距，使末端绞丝松弛，把剩下的内绞丝依次对照缠绕，内绞丝须不交叉且间隔均匀。

图 4-25　光缆标记与内绞丝色标对准

图 4-26　第二组和第一组绞丝对齐

④ 内层绞丝全部缠绕后，用双手同时拧动所有内绞丝至尾端，使其就位。所有的内绞丝尾端应对齐，偏差不超过 50mm。

⑤ 安装外绞丝耐张线夹，如图 4-27、图 4-28 所示，将外绞丝的绞合色体与内绞丝的绞合安装色标对齐，从色标同时缠绕预绞丝的两条分支，两条分支之间的间隙要均匀，且所有的线条都必须扣紧到位。

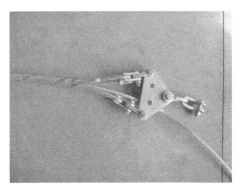

图 4-27　耐张线夹示意图（一）

图 4-28　耐张线夹示意图（二）

3. 防震锤的安装

防震锤安装距离和数量应符合设计图纸要求，OPGW 防震锤一般有大小头之分，锤头较大的一端朝杆塔。

① 确定防震锤的安装位置并做好标记。

② 如安装位置在耐张 / 悬垂线夹预绞丝之外，则应先安装护线条。将护线条中心色标与安装位置对齐，可逐条地缠绕护线条，也可将护线条预绞成

2～3根一组的子束后再缠绕到光缆上。防震锤护线条末端与金具护线条预绞丝末端的距离应大于 70mm。

③ 松开线夹盖上的螺钉，锤头较大的一端朝杆塔一侧，将防震锤的线夹部分夹持在第 1 个安装位置。

④ 拧紧线夹盖上的螺钉，防震锤安装完毕。

4. 接地线及跳线的安装

① 耐张串的接地线一端与光缆通过并沟线夹连接，另一端通过螺栓与铁塔接地，用孔将接地线固定于塔身，让接地线处于自然状态，不可过度弯曲或过于绷紧。耐张串的接地线有两种使用情况：无接线盒的耐张塔，OPGW 直接通过，使用单根接地线，其连接方式如图 4-29 所示；有接线盒的耐张塔，使用两根接地线，其连接方式如图 4-30 所示。

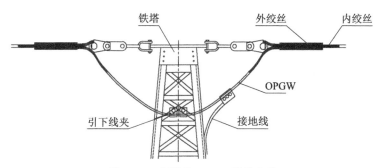

图 4-29　直通型 OPGW 跳线安装

② 对于悬垂串的接地线，应利用地线顶架附件的螺栓孔，用螺栓将接地线与塔身固定。悬垂串的接地线及非接续耐张塔的接地线统一安装在铁塔大号侧。

③ OPGW 的跳线分为直通型（非引下线跳线）和接续型（引下线跳线）。

直通型 OPGW 跳线安装如图 4-29 所示。直通型耐张塔 OPGW 跳线弧垂在施工时应满足最小弯曲半径要求，对跳线弧垂的大小无特殊要求。跳线弧垂除应满足最小弯曲半径及施工工艺要求外，以在风偏时不与塔材相碰为原则，如施工完毕后，跳线弧垂距塔材较近，应据实际情况用 1 ～ 2 个引下线夹将跳线固定在塔材上，防止跳线与塔材摩擦损坏 OPGW 光缆。

接续型 OPGW 跳线安装如图 4-30 所示。接续型（非引下线跳线）的安装应将两个耐张金具间的光缆用引下线夹（卡具）固定在铁塔上，光缆应圆滑地过渡，引下线夹（卡具）安装间距为 1.5 ～ 2.0m。

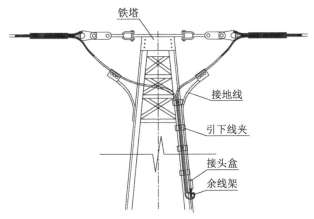

图 4-30　接续型 OPGW 跳线安装

5. 引下金具的安装

根据线路杆塔的不同类型，引下线夹的安装方式分为塔用角钢型结构和杆用抱箍型结构，如图 4-31、图 4-32 所示。

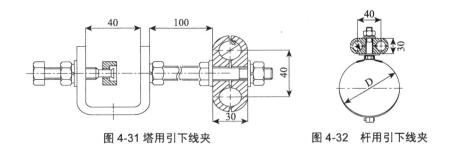

图 4-31　塔用引下线夹　　　　图 4-32　杆用引下线夹

引下线夹在光缆线路的首、末端杆塔及接续塔等处使用，主要作用是将引下的光缆固定在杆塔上，避免光缆晃动磨损。安装间距为 1.5 ～ 2m，线夹可同时将一根或两根光缆固定于塔上，当引下光缆只有一根时，引下线夹的另一孔应截一小段光缆填充。引下线应自然顺畅地自上而下安装，两固定线夹之间的缆线应拉紧，不得使光缆与塔材相摩擦，发生风吹摆动现象。

6. 余缆与接续盒的安装

① 对于铁塔，余缆架安装在平台上方第一个横隔面；对于钢管杆，安装高度为导线横担下方 5 ～ 6m，具体参照设计图纸。

② 余缆架、接续盒安装位置应符合要求，安装牢固。接续盒夹板下方 40 ～ 50cm 处加装一个引下线夹或并沟线夹，如图 4-33 所示。

图 4-33　接续盒下方加装引下线夹

③ 余缆应绑扎牢固，一般盘绕 4 ～ 5 圈，绑扎点不少于 4 处，光缆拐弯处平顺自然，光缆最小弯曲半径符合要求（一般为光缆外径的 40 倍），如图 4-34、图 4-35 所示。

图 4-34　回盘光缆

图 4-35　塔上余缆架、接续盒安装示例

④ 光缆固定引下线夹（卡具）安装间距应为 1.5 ～ 2m，光缆不与杆塔摩擦，如图 4-36 所示。

图 4-36　引下线

⑤ 线路钢管塔引下应采用硬抱箍或双软抱箍固定，如图 4-37、图 4-38 所示。

图 4-37　硬抱箍固定　　　　　图 4-38　软抱箍固定

7. OPGW 余缆 U 型安装方式

OPGW 余缆 U 型安装方式是一种新型安装工艺，可降低余缆安装难度，极大地提高了余缆安装合格率，提高了接续盒塔的美观度，有效避免余缆架对一次线路检修人员登塔作业的影响，并且大幅降低接续盒的末端扭力，从而避免因扭力造成的接续盒漏水漏气，如图 4-39 所示。安装要求如下。

① OPGW 沿着铁塔主材顺沿一次线路方向作 U 型引下（不同线路光缆之间不得交叉）。

② 引下线路每隔 1.5 ～ 2m 安装引下线夹固定。

③ 光缆引下平滑，整齐，不允许缠绕、弯曲。

④ OPGW 引下至地面后预留 10 ～ 15m 余长。

⑤ 接续盒于杆塔上垂直摆放，下方 50cm 处应加装引下线夹或并沟线夹固定两根 OPGW，以防止产生扭力。

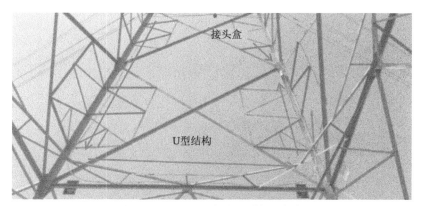

图 4-39 OPGW 余缆 U 型安装方式

4.3 OPGW 站内施工工艺

4.3.1 OPGW 构架引下工艺

站内构架 OPGW 引下应顺直美观，每隔 1.5 ～ 2.0m 安装一个绝缘紧固件。尤其注意避免 OPGW 与杆塔发生接触、摩擦，错误案例如图 4-40 所示。引下 OPGW 与站内构架间采用绝缘子进行支撑，也可采用卡式绝缘紧固件固定，如图 4-41、图 4-42 所示。引下线与构架构件（含法兰、横担）最突出处间距不小于 5cm，接续盒、余缆架须通过绝缘子支撑，如图 4-43 所示。

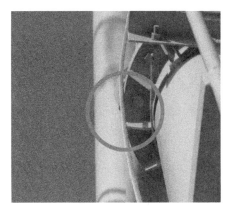

图 4-40　光缆与杆塔法兰接触

图 4-41　绝缘子支撑

图 4-42　卡式绝缘紧固件

图 4-43　接续盒、余缆架通过绝缘子支撑

引下固定应采用硬抱箍或软抱箍，钢带式抱箍易发生老化断裂脱落等现象，因此杜绝使用钢带固定，钢带固定错误案例如图 4-44、图 4-45 所示。

图 4-44　钢带老化断裂

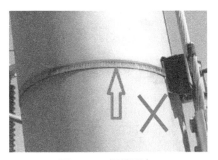

图 4-45　钢带固定

　　应选用合格的引下线夹，目前部分在用引下线夹绝缘垫块老化后，光缆容易从线夹中脱出，如图4-46、图4-47所示。施工安装中线夹另一孔未设放同缆径线缆易导致引下线脱出，如图4-48所示，须采用对绝缘胶块周边有防护的凹形结构引下线夹，如图4-49所示。

图4-46　橡胶块老化导致引下线松脱

图4-47　引下线在构架处松脱

图4-48　线夹另一孔未设放同缆径线缆
导致引下线松脱

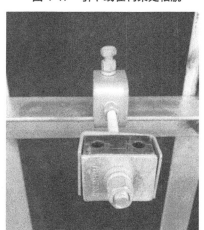

图4-49　选用凹形结构引下线夹

　　OPGW穿越构架横担引下时，应在穿越处安装固定绝缘夹具，确保引下线与构件不发生摩擦，如图4-50所示。

图 4-50　OPGW 穿越构架横担引下

4.3.2　OPGW 引下接地工艺

① OPGW 站内构架引下应三点接地，接地点分别在构架顶（A）端、中（B）端固定点（余缆前）和光缆末（C）端，并通过匹配的专用接地线可靠接地，接地布置如图 4-51 所示。特殊情况下，如电铁牵引站等要求不接地的，可采用绝缘方式，OPGW 应在站外终端杆塔处接地。

② OPGW 接地线须使用铝制并沟线夹与 OPGW 可靠并接，采用铝鼻子与接地点可靠连接，接地点做好除漆、除锈措施。

③ OPGW 接地线应采用铝合金绞线，且其短路电流热容量不小于 OPGW 短路电流热容量；接地线施工时应根据现场实际截取合适长度，且不能卷绕。

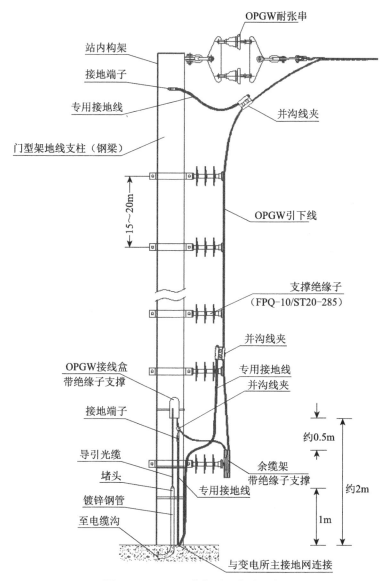

图 4-51   OPGW 构架引下安装示意图

4.3.3   余缆箱结构安装工艺

采用落地余缆箱安装时，光缆由构架引下至电缆沟地埋部分穿热镀锌钢管保护，并穿保护套管进行保护，两端用防火泥做防水封堵。余缆箱、钢管与站内接地网可靠连接，钢管直径不应小于 50mm，保护套管直径不应小于 35mm，钢管弯曲半径不应小于 15 倍钢管直径。接续盒、光缆线盘、箱体之间可靠绝缘，如图 4-52 所示。

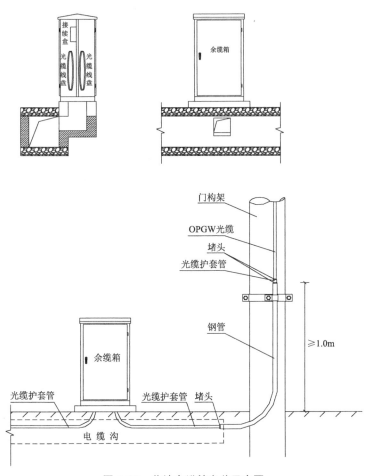

图 4-52　落地余缆箱安装示意图

4.3.4　OPGW 站内引下专用电缆沟工艺

OPGW 站内引下专用电缆沟是一种新型工艺，取消了余缆结构，既可有效地隔离导引光缆，也避免了余缆盘绕造成的电感效应和接续盒末端扭力；

与现有的落地余缆箱相比，美观大方，造价低，亦可防止小动物啃咬（如图 4-53、图 4-54 所示）。OPGW 站内引下专用电缆沟工艺要求如下。

① 引下钢管直径为 60mm，距地面高度为 1.5m，钢管内先穿一根直径 40mm 的硅管。

② 电缆沟内宽和内高为 400mm，长度不得小于 5m，距地面 100mm 处横向加装螺纹钢并做防锈处理，螺纹钢间距为 400mm。

③ 电缆沟内须有排水设施（底部略高于主电缆沟沟底）和接地点。

④ 沟内 OPGW 必须平放，在与螺纹钢的接触点用绝缘胶垫隔离并捆扎。沟内导引光缆可采用大回字形布放并采用绝缘胶垫与 OPGW 进行隔离。

⑤ 沟内须使用 OPGW 专用卧式接续盒。

⑥ 盖板采用复合材料，并在显著位置标明接地点、接续盒位置。

⑦ 采用 OPGW 站内专用电缆沟方式后，可取消 B 点接地。

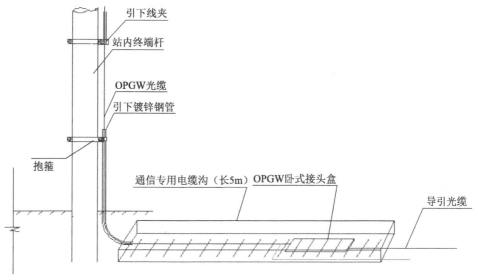

图 4-53　电缆沟内直接敷设 OPGW 引下方式

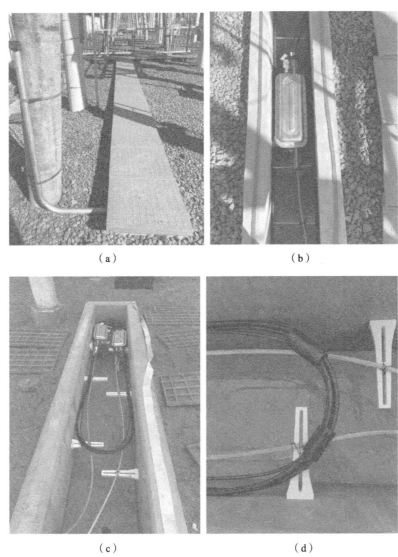

（a）   （b）

（c）   （d）

图 4-54 专用电缆沟现场照片

主要参考资料

T/CSEE 0236—2021 《OPGW 引下安装技术规范》

Q/GDW 10758—2018 《电力系统通信光缆安装工艺规范》

GB 50233—2014 《110kV ～ 750kV 架空输电线路施工及验收规范》

DL/T 832—2016 《光纤复合架空地线》

《电力通信光缆工程》，中国电力出版社

第5章

ADSS 施工工艺

本章主要介绍电力通信中全介质自承式光缆（All Dielectric Self-Supporting Arial Cable，ADSS）施工工艺。ADSS 是一种与输电线路同杆架设的特种光缆，安装架设方式与 OPGW 基本一致，可参照电力架空线路施工安装规程及电力施工管理规范等相关规定，如带电施工，则应严格遵循电力系统带电操作的相关规程。

5.1　ADSS 施工准备

5.1.1　仓储与运输

ADSS 缆盘应用吊车装卸，不宜人工装卸，并应做到轻起轻放。运输过程中缆盘须稳妥固定，防止缆盘滚动和随意振动。

存放时，应选择平整、坚实的地面，如场地受限制时，须将场地整平，并在缆盘的前后塞上木块或砖块（注意不要抵碰光缆），防止缆盘滚动，并做好防雨防晒措施，不得随意拆开光缆端头的护套。

5.1.2　开盘测试

光缆到货后须进行单盘检验，包括对光缆规格、程式、数量进行核查，并进行光纤传输特性的测量，详细内容参考本书第 2 章。

5.1.3　施工器具

ADSS 施工器具通常与 OPGW 一致，主要包括牵引机、张力机、牵引绳、旋转连接器、抗弯连接器、网套连接器、放线滑车等，可参考介绍 OPGW 施工器具的内容。

5.2　ADSS 挂点选择

ADSS 与输电线路同杆塔安装，架空电力线路周围存在高压感应电场，对光缆存在电腐蚀影响。因此应根据输电相线的电气特征与杆塔结构的物理关系，分析得出其相应的电场强度等高线分布图，在选择 ADSS 的安装挂点位置时避开高感应电场区域。当 ADSS 挂于电压等级 110kV 及以上的线路时，必须进行电场强度分析，以选定正确的安装位置。

5.2.1　感应电场分析

高压导线运行时会在 ADSS 周围产生一定的感应电场，潮湿环境下污秽物附着于光缆表面时，在电位梯度作用下会形成感应电流，电流流向铁塔端并最终由金具汇入大地。金具处的电场强度最低，但感应电流最大。感应电流如图 5-1 所示。

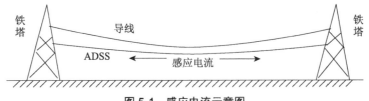

图 5-1　感应电流示意图

在 ADSS 光缆工程中，在设计阶段应基于电力塔型及导线空间位置进行场强分布计算，以确认 ADSS 安全工作区域及挂点。值得注意的是，当导线的相位（尤其是双回及多回线路）、直径或分裂条件在运行中发生变化，空间电位分布将发生变化，应重新计算。如果线路故障导致缺相或双回路单侧运行，原选择光缆挂点上的空间电位会发生变化，当故障排除后应加强检查，维修或更换受损的光缆或金具。常见塔型空间电位分布及 ADSS 安全工作区域如图 5-2 至图 5-4 所示。

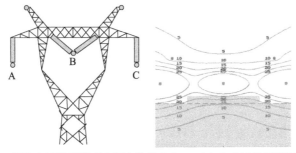

图 5-2　导线水平排列塔型空间电位分布和 ADSS 安全工作区域示意图

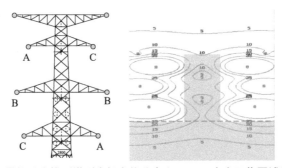

图 5-3　导线垂直排列塔型空间电位分布和 ADSS 安全工作区域示意图

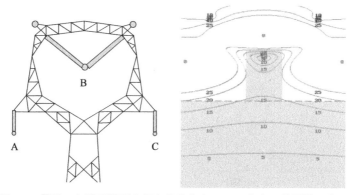

图 5-4 导线三角排列塔型空间电位分布和 ADSS 安全工作区域示意图

5.2.2 光缆挂点选择

光缆挂点有上挂（在地线下方羊角架上）、中挂（地线和导线之间）、下挂（下层导线下方）三种。高挂点一般施工难度大，运行管理不方便；中挂点离导线最近，一般离导线 2.5m 以上，场强分布最复杂，运行管理不便；而低挂点在对地安全距离方面往往存在问题，但对杆塔的影响也最小，便于运行维护。

ADSS 在输电杆塔上一般选择低挂点架设，部分地区仍使用中挂点方式。当采用低挂点时，光缆挂点宜在最下层导线下方，且应处于光缆安全工作区域中。直线塔的挂点位置选择在塔铁一侧塔腿上，如图 5-5 所示。耐张塔的挂点位置宜选择在铁塔顺线路方向两侧塔腿上，如图 5-6 所示。单边转角小于 15°的转角塔可参照直线塔选择挂点，大于等于 15°的可参照耐张塔选择挂点，ADSS 全线挂点应选择平行于线路方向铁塔的同一侧，且宜选择在线路内转角占比大一侧，不允许中间交叉换位。

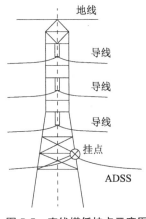

图 5-5　直线塔低挂点示意图

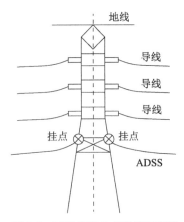

图 5-6　耐张塔低挂点选择示意图

5.3　ADSS 架设工艺

5.3.1　施工准备阶段

1. 展放通道处理

① 清除通道内影响展放的超高树木或其他异物，跨越电力线、通航河流、公路等特殊地段，制定具体施工方案。

② 特殊跨越地段应先搭设跨越架。

③ 牵张设备、车辆通过的道路、桥梁在施工前须实地勘察，必要时予以修整或加固。

2. 牵张场选择与布置

ADSS 展放牵张场与 OPGW 基本一致，具体可参照本书第 4 章。

5.3.2　ADSS 展放

ADSS 展放方法与 OPGW 基本一致，通常均采用张力牵引方式。但应注意，ADSS 展放中缆盘处的光缆弯曲半径应大于缆径的 25 倍，以防止弯曲损伤，最大紧度时放线张力一般不超过 15% ~ 20% RTS。

5.3.3　ADSS 紧线与弧垂观测

ADSS 紧线与 OPGW 类似，在牵引侧进行紧线，沿线路方向牵引速度应平衡，如果受地形限制，则应通过滑车来改变方向，并严格按施工弧垂设计要求操作。在档距中央，ADSS 与导线间距离应按设计要求进行验算。紧线具体要求如下。

① 先在耐张段一端的耐张塔进行高空软挂，即可在另一端紧线。

② 在短档中紧线时，ADSS 的弧垂上升较快，牵引速度应保持缓慢。

③ 余缆处理：区段内各耐张段紧线完成后，将耐张段两侧余缆引到铁塔下面接续盒位置，并将余缆盘绕后固定于铁塔底部第一个横隔面上。

ADSS 弧垂观测一般采用等长法，绑缚弧垂板来进行，也可采用异长法，并配以经纬仪，用角度法观测。观测点一般选取在悬挂高差较小、接近代表档距的线档。弧垂观测经确认达到设计要求后方可画印，以便金具安装等后续工作。

5.3.4　ADSS 附件安装工艺

一个耐张段内 ADSS 紧线后，应及时进行金具和附件安装。ADSS 采用预绞丝式金具组件，一般包括：悬垂线夹、耐张线夹、螺旋减震器（或防震锤）、引下线夹、中间接续盒、终端接续盒、护线条等。以下对 ADSS 的部分主要附件安装工艺进行介绍。

1. 悬垂线夹

悬垂线夹将 ADSS 吊挂在直线塔上，起支撑作用，每个直线塔配一套。

ADSS 悬垂线夹安装可参照 OPGW，安装完成如图 5-7 所示。

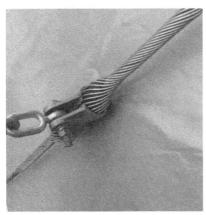

图 5-7　悬垂线夹安装图

2. 耐张线夹

耐张线夹一般用于终端塔、大于 15°的转角塔或高差大的杆塔上，每基塔配两套。安装方法可参照 OPGW，安装完成如图 5-8 所示。

图 5-8　耐张线夹安装图

3. 螺旋减震器、防震锤

螺旋减震器与防震锤设置在耐张、悬垂金具两侧，配置数量和挂点位置根据线路情况而定。螺旋减震器安装时应满足以下要求。

① 螺旋减震器安装时，夹紧段端头距光缆线夹内绞丝 1m 以上。

② 安装两个以上螺旋减震器时，螺旋减震器间距为 100mm。

螺旋减震器安装完成如图 5-9 所示。

图 5-9　螺旋减震器安装图

220kV 及以上电压等级线路上防震锤相比螺旋减震器在防腐方面有明显优势，安装方法可参照 OPGW，安装完成如图 5-10 所示。

图 5-10　ADSS 防震锤安装图

4. 引下线夹

引下线夹的作用是将经由杆塔引下或通过的 ADSS 紧固在杆塔上，不让其晃动，避免光缆外护套磨损，安装方法可参照 OPGW。

5. 余缆与接续盒安装

ADSS 与 OPGW 的余缆盘绕及接续盒安装方法基本一致。ADSS 接续盒密封完成后，将引下光缆引至规定高度后，盘其于余缆架上并稳妥固定。注意，从塔上放下或将余缆盘留在余缆架的过程中不应出现死弯、折扭及外护套损伤。

ADSS 的接续盒应能适应塔形结构和杆形结构的安装，一般采用立式安装，安装位置离地面高度不小于 6m。塔用接续盒应采用紧固夹和连接件与塔材连接，不允许在塔材上打孔；杆用接续盒应采用抱箍和连接件与电杆连接。

5.3.5　ADSS 跨越施工注意事项

ADSS 的跨越施工指跨越普通公路、一般道路、电力线路、通信线路、建筑物、河道，不包含跨越铁路、高速公路、重要输电线路等特殊跨越情况。

跨越普通公路应搭设跨越架。跨越 10kV 及以下电力线，可采用搭设跨越架等必要措施进行带电跨越，但要注意保护被跨线路线间的安全距离，以防线间短路。跨越 35kV 及以上电力线时，应尽量让被跨线路停电；若被跨线路不能停电，则应搭设跨越架，并做好相应的保护措施。

5.4　ADSS 站内施工工艺

ADSS 的进站施工与导引光缆施工基本一致，防火措施可靠的条件下 ADSS 也可作为导引光缆使用，具体施工工艺可参阅本书第 9 章。

主要参考资料

DL/T 788—2016 《全介质自承式光缆》

Q/GDW 11832—2018 《全介质自承式光缆安全技术要求》

Q/GDW 11435.1—2016 《电网独立二次项目可行性研究内容深度规定　第 1 部分：光缆通信工程》

Q/GDW 11590—2016 《电力架空光缆缆路设计技术规定》

IEC 60794-3-21 《Product specification for optical self-supporting aerial telecommunication cables for use in premises cabling》

DL/T 1899.2—2018 《电力架空光缆接续盒　第 2 部分：全介质自承式光缆接头盒》

GB/T 18899—2023 《全介质自承式光缆》

《电力通信光缆工程》，中国电力出版社

第6章

OPPC 施工工艺

光纤复合相线（Optical Phase Conductor，OPPC），是将光纤单元复合在相线中的一种电力特种光缆，具有相线和通信的双重功能。本章对 OPPC 结构与优点及架设、线路中间接续、站内施工工艺等内容进行介绍。

6.1　OPPC 的结构与特点

6.1.1　OPPC 的结构

OPPC 内部包含光纤，但又属于导线的一种，其将传统输电导线中的一根或多根钢丝替换为不锈钢管光单元，使钢管光单元与（铝包）钢线、铝（合金）线共同绞合形成 OPPC，其结构如图 6-1 所示。电力系统中一般用 OPPC 替代三相导线中的某一相导线，形成由两根导线和一根 OPPC 组合而成的三相电力系统，实现通电和通信双重功能融合。

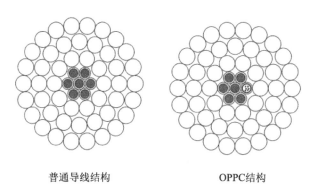

普通导线结构   OPPC结构

图 6-1　OPPC 结构示意图

6.1.2　OPPC 与其他光缆比较

1. OPPC 与 ADSS 比较

10kV、35kV 电力线路一般无架空地线，无法运用 OPGW，通常会考虑架设 ADSS。ADSS 的架设给原有线路增加了重量、拉力，附加了额外的线路负荷。而 OPPC 作为三相导线中的一相导线，没有给原有线路附加额外的线路负荷，也没有因强电场而导致光缆电腐蚀。此外，由于 OPPC 与接续盒上均有高电压，还具有绝对的防盗优势。

2. OPPC 与 OPGW 比较

部分老旧线路因 GJ-35、GJ-50 型号地线本身规格太小，将地线更换为 OPGW 存在较高难度。此外，老旧线路一般只能采用小规格的 OPGW，存在雷击断股、短路电流过热等运行缺陷和安全隐患。OPPC 作为一相导线充分利用线路资源，不额外增加杆塔的负荷，且不受电腐蚀、对地距离及交叉跨越的限制。其光纤复合在相线内，消除 OPGW 雷击断股、断纤等问题。

6.2　OPPC 施工准备

OPPC 的架设施工融合了导线和 OPGW 两类产品的施工特点，应注意的是，施工过程中应控制好速度和弯曲半径，避免损伤光缆表面和光纤。OPPC 应用方式相近于相线，仅更换了光缆配套金具及光缆接续装置。

OPPC 的仓储和运输、开盘测试、配盘核对及主要工器具与 OPGW 基本一致，具体可参考本书第 4 章。

6.3　OPPC 架设工艺

6.3.1　OPPC 架设流程

OPPC 架设流程与 OPGW 基本一致，包括放线、紧线等内容，相关工艺要求可参考介绍 OPGW 的内容。

6.3.2　OPPC 附件安装工艺

OPPC 直接安装在高电压环境中，其耐张线夹、悬垂线夹及终端接续盒等金具附件均必须绝缘，线夹应使用相应的绝缘耐张串或绝缘悬垂串。

OPPC 使用线路原有的绝缘子串和金具将光缆安装在杆塔上，但不能使用输电导线常用的压接式、螺栓型等金具。一般的 OPPC 金具安装工艺可参考 OPGW，其特殊的光缆金具附件主要包括耐张金具、预绞丝悬垂金具、防震锤、接续盒等，宜采用制造商的安装技术规程安装。

1. 耐张金具

耐张金具将光缆紧固在杆塔上，应采用预绞丝式耐张金具，由内层预绞丝、外层预绞丝、碗头挂板、绝缘子串、球头挂环等部件组成，如图 6-2

所示。耐张预绞丝缠绕间隙均匀，绞丝末端应与光缆相吻合，预绞丝不得受损。

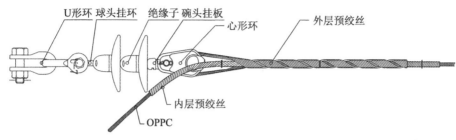

图 6-2　预绞丝式耐张金具示意图

2. 悬垂金具

悬垂金具将光缆吊挂在杆塔上，起支撑作用，由内绞丝、外绞丝、碗头挂板、绝缘子串、球头挂环、U形螺丝等部件组成，如图 6-3 所示。悬垂线夹预绞丝间隙均匀，不得交叉，金具串应垂直于地面，顺线路方向偏移角度不得大于 5°，且偏移量不得超过 100mm。

3. 防震锤

防震锤主要用于消除或弱化 OPPC 运行时产生的振动，从而保护光缆及金具，延长 OPPC 的使用寿命。防震锤采用预绞丝安装，安装尺寸、力矩应满足如下条件：

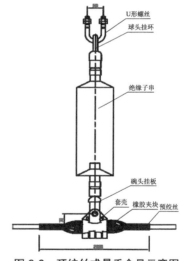

图 6-3　预绞丝式悬垂金具示意图

① 安装距离偏差不大于 30mm；

② 安装位置、数量、方向、垂头朝向和螺栓紧固力矩符合设计要求。

4.接续盒

OPPC 接续盒根据在杆塔上放置的型式不同可分为支柱式和悬挂式两种安装形式,二者主要是固定方式不同,其他结构相同。接续盒根据安装位置的不同,可分为中间接续盒和终端接续盒,二者的功能不同,结构差异较大。OPPC 悬挂式接续盒如图 6-4、图 6-5 所示,OPPC 支柱式接续盒如图 6-6、图 6-7 所示。

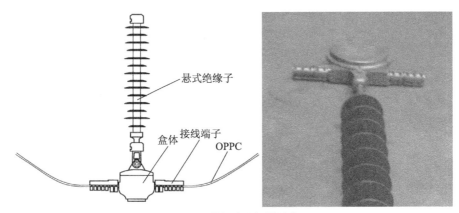

图 6-4 悬挂式中间接续盒

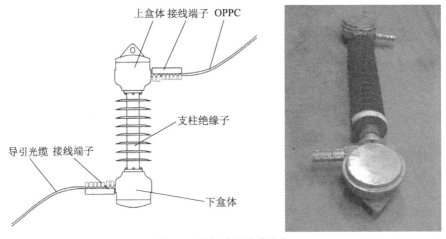

图 6-5 悬挂式终端接续盒

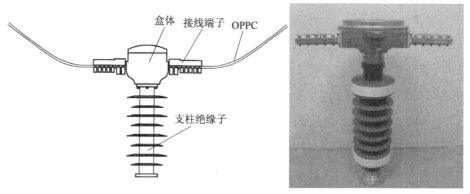

图 6-6 支柱式中间接续盒

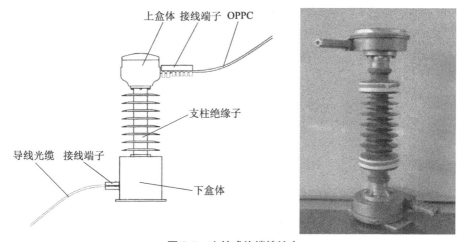

图 6-7 支柱式终端接续盒

悬挂式接续盒安装较为复杂且容易受周围环境影响，因此 110kV 及以下线路多使用支柱式接续盒，110kV 以上线路多使用悬挂式接续盒。

采用 OPPC 支柱式接续盒时，需要在杆塔上安装支架，为接续盒安装及接续提供平台。支架一般分为杆式支架和塔式支架，两种类型的支架均需根据杆塔的型号来进行设计安装。在选择安装位置时，特别要注意支架安装的方向，为接续盒接续和跳线安装预留充足的安全距离，杆式支架与塔式支架安装如图 6-8、图 6-9 所示。

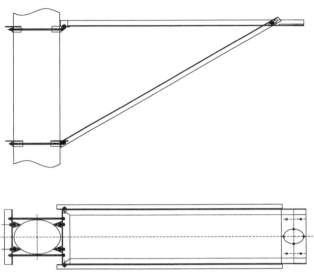

图 6-8　杆式支架安装示意图

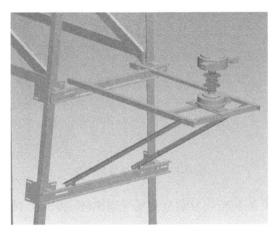

图 6-9　塔式支架安装示意图

6.4　OPPC 中间接续工艺

OPPC 接续涉及光纤接续和光电分离技术，对绝缘与接续技术都有严格
要求，是 OPPC 施工中最重要的部分。与 OPGW、ADSS 有很大不同，OPPC

接续盒必须与固定杆塔之间有足够的电气绝缘性能，因此需要组合设计或安装绝缘子，一般宜采用复合绝缘子。

OPPC 的光通信信号不受电磁干扰，因此中间接续无须考虑光电隔离。通常中间接续盒采用导电式非绝缘接续盒，而终端接续盒采用高压隔离绝缘接续盒。在接续盒盒体内完成光纤的熔接与存放，在外部利用并沟线夹与同截面的导线或相同的 OPPC 作为引流线进行跳线接续，跳线应保证 OPPC 顺直、圆滑，与 OPPC 的固定位置应全线统一。OPPC 接续如图 6-10 所示。

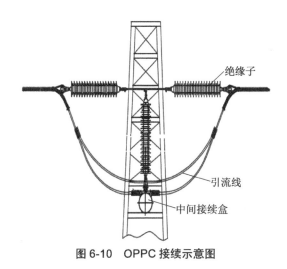

图 6-10　OPPC 接续示意图

6.4.1　OPPC 中间接续流程

OPPC 中间接续盒设上盒体，配以绝缘子支撑，在上盒体内设熔接接续结构、存纤盘，OPPC 中间接续盒结构如图 6-11 所示。OPPC 中间接续盒的接续与 OPGW 的接续工艺较为相近，一般在耐张杆塔上进行，具体流程如下。

① 支柱式接续盒应首先选定接续盒的安装位置，并安装好固定平台，再将接续盒固定在平台上；悬挂式接续盒于地面安装好球头挂环及碗头挂板

后，用滑轮直接吊运至挂点或者平台挂点处，并固定于设计悬挂点。

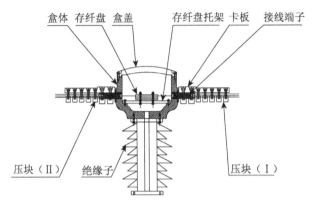

图 6-11　OPPC 中间接续盒示意图

②理顺 OPPC 并选择合适长度的 OPPC 引入接续盒熔接的部位，并根据接续盒内部空间预留足够的光纤接续长度，将多余 OPPC 截去。

③将 OPPC 从压块（Ⅰ）中穿过，套到距末端合适长度位置，以防止扭动松股，用断线钳切去 OPPC 内外层绞丝，剪切内外层绞丝时最好把光缆固定在一个夹具上，并精心操作，在切铝线、裸铜线时，不能损伤不锈钢管光纤单元，所切线材端面应平齐。

④用十字捋直轮将钢管单元捋直，在伸出线材断面 140mm 处做好标记，用钢管切割刀切去钢管。首先使用切割刀夹持住钢管并保证其不左右滑动，旋转一周松动后，拧紧刀刃，再旋转一周，如此反复 4 次左右，观察切口深度合适后，取下切割刀；双手握住钢管，大拇指捏住切口处，前后上下缓缓扳动 2 次，防止钢管变形及断裂后锐边擦伤光纤；待钢管完全脱落后，轻轻地将钢管移去。

⑤将上盒盖打开，用无水酒精棉球擦净待穿光纤表面油污，将光纤轻送穿入外锁紧螺母、锥形堵头、密封胶垫、接线端子、密封胶垫、锥形堵头、内锁紧螺母，直至钢管完全穿入接线端子；OPPC 端面紧顶住接线端子，如

图 6-12 所示。在密封胶垫及锥形堵头上均适量涂抹密封胶，拧紧锁紧螺母。依次将压块（Ⅱ）、压块（Ⅰ）上所有压紧螺栓拧紧，使压板紧抱住 OPPC。

⑥ 将光纤依次套上与钢管直径相匹配的光纤保护管、热收缩管，以保护光纤不被钢管锋利的断口划伤。将光纤保护管嵌入钢管 20mm，露出约 30mm。采用热风枪加热，使热收缩管将光纤保护管与钢管固定。

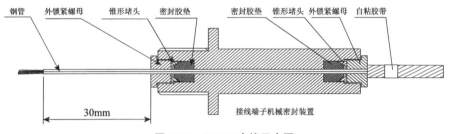

图 6-12 OPPC 穿线示意图

⑦ 将对熔接点起增强保护作用的热缩管套入一对待接光纤上，使用光纤熔接机熔接。熔接后移动热缩管，使光纤熔接点在热缩管中心位置。对热缩管进行加热，使热缩管与光纤成为一体，再将热缩管分别卡入布线槽内，如此反复，直至接续完毕盘纤，如图 6-13 所示。

图 6-13 光纤接续及盘纤图

⑧ 盖好上盒盖，拧紧螺栓，密封封装好接续盒后，以跳线将上盒体 OPPC 与导线连接。支柱式中间接续盒及挂式中间接续盒安装完成如图 6-14、图 6-15 所示。

图 6-14　支柱式中间接续盒完成图

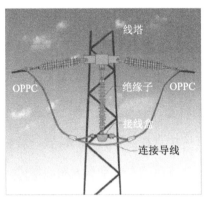

图 6-15　挂式中间接续盒完成图

6.4.2　OPPC 中间接续工艺

① 接续盒的绝缘配置电压等级必须大于等于一次线路的电压等级,复合绝缘子伞裙外观应完好,无影响其绝缘性能的情况出现。

② OPPC 引入接续盒时路径必须保持顺直且长度适中,进入盒体前的 OPPC 尽可能走大弧度,便于维护过程中的二次接续并保证弯曲半径不小于 OPPC 直径的 30 倍。

③ OPPC 的各种附件金具上螺栓除固定的穿向外,其余穿向应统一,并牢固固定,不得有锈迹、脱落现象;悬垂串上的螺栓一律由电源侧向受电

侧、由内向外穿入，耐张串上的螺丝一律由上向下、由内向外穿入。

④ 接续盒的外观、内部不得有锈迹，接续盒本身部件及其与 OPPC 或其他光缆之间的密封必须完好，可使用机械密封或热收缩密封，确保接续盒不受潮气侵入。

⑤ 引流线应使用同截面的导线或相同的 OPPC，并利用配套的并沟线夹固定，相关金具应做好绝缘措施，不得有变形、滑移、生锈等现象。

⑥ 支柱式接续盒的安装平台位置和尺寸应根据现场条件专门设计，其紧固件必须牢固、无锈迹，安装平台上不得有任何杂物。

⑦ 悬挂式接续盒的悬垂线夹预绞丝应间隙均匀，不得交叉，金具串应垂直于地面，顺线路方向偏移角度不得大于 5°，且偏移量不得超过 100mm。

⑧ 应使用同截面的导线或相同的 OPPC 作为引流线，并利用配套并沟线夹完成两端 OPPC 的跳线接续，保证导线的连通。

⑨ 330kV 及以上电压等级的 OPPC 接续盒都应装有均压环，均压环结构如图 6-16 所示。

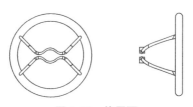

图 6-16　均压环

6.5　OPPC 站内施工工艺

6.5.1　OPPC 站内接续

在变电站构架上安装 OPPC 终端接续盒，采用高压隔离绝缘技术，在构架或杆塔上进行光缆接续，通过非金属光缆将光信号引入变电站。

OPPC 终端接续盒应完成光电分离，包括支柱式和悬挂式两种，宜根据线路实际情况选择。终端接续盒分设上、下盒体，中间以绝缘子支撑，在绝缘子中心预埋光纤，在上、下盒体内分别熔接接续结构、存纤盘、余纤架。OPPC 终端接续盒结构如图 6-17 所示。

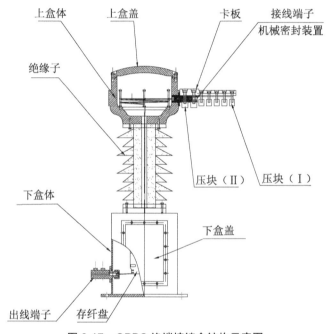

图 6-17 OPPC 终端接续盒结构示意图

OPPC 终端接续盒的上盒体接续过程与中间接续盒基本一致，下盒体接续略有不同，过程如下。

① 将下盒体内存纤盘上四个螺栓松开，将余纤理顺，并盘入余纤架。

② 理顺预留引入光缆，剪去受损伤或多余引入光缆。剥开引入光缆将引入光缆从出线端子中穿过，并将芳纶（裁剪后长度约 5mm）整理好，与光纤一起穿过密封胶垫，将芳纶压紧在密封胶垫与锥形堵头之间，同时在密封堵头与锥形堵头上适量涂抹密封胶，拧紧紧固螺母。将引入光缆卡板上的所有

压紧螺栓拧紧，使铝套管紧抱住光缆。

③ 接着进行光纤熔接，光纤熔接过程与 OPGW 基本一致，接续完成之后盖上存纤盘盖板，拧紧螺栓。

④ 用密封胶在下盒体门板处密封胶垫上涂抹均匀，盖上门板，拧紧螺栓。OPPC 终端接续盒安装如图 6-18 所示。

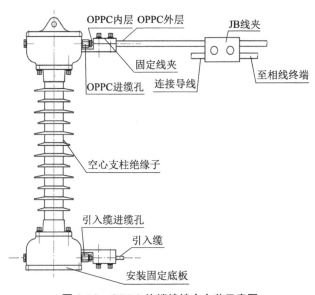

图 6-18　OPPC 终端接续盒安装示意图

6.5.2　OPPC 站内接续工艺

终端接续盒的施工工艺规范与中间接续盒基本一致，其特殊工艺要点如下。

① 绝缘组件应包含预埋式光纤单元，预埋光纤宜采用微型光缆，其数量与类别应与 OPPC 相匹配。

② 终端接续盒应在绝缘组件内进行两次光纤熔接，在下盒体进行预埋光纤单元与非金属光缆的熔接，在上盒体进行预埋光纤单元与 OPPC 的熔接。支柱式终端接续盒与悬挂式终端接续盒安装完成分别如图 6-19、图 6-20 所示。

图 6-19 支柱式终端接续盒完成图

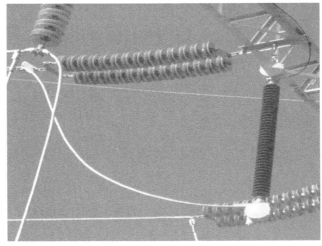

图 6-20 悬挂式终端接续盒完成图

主要参考资料

DL/T 1601—2016 《光纤复合架空相线施工、验收及运行规范》

DL/T 1613—2016 《光纤复合架空相线及相关附件》

DL/T 1899.3—2018 《电力架空光缆接续盒 第3部分：光纤复合架空相线接头盒》

第7章

普通架空光缆施工工艺

目前电力通信中普通架空光缆主要应用于城、郊区光缆通信线路。本章介绍普通架空光缆施工工艺及施工过程中的各种注意事项，主要内容包括普通架空光缆的施工准备、杆路架设、拉线吊线、光缆本体架设、交叉跨越、标识标牌等方面的要求。

7.1　普通架空光缆施工准备

7.1.1　路由复测

普通架空光缆施工前须进行路由复测工作。路由复测是以施工图为依据对光缆敷设的具体路由位置、离地距离进行复核，为光缆配盘、架设提供必要的依据。为确保架空线路安全，应尤其注意架空光缆与其他建筑物的距离，具体如表 7-1 所示。

表 7-1　架空光缆线路与其他建筑物间距表

序号	间距说明	最小净距（m）	交越角度
1	**光缆距地面**		
	一般地区	3.0	
	特殊地点（在不妨碍交通和线路安全的前提下）	2.5	
	市区（人行道上）	4.5	
	高秆农林作物地段	4.5	
2	**光缆距路面**		
	跨越公路及市区街道	5.5	
	跨越通车的野外大路及市区巷弄	5.0	
3	**光缆距铁路**		≥ 45°
	跨越铁路（距轨面）	7.5	
	跨越电气化铁路	一般不允许	
	平行间距	30.0	
4	**光缆距树枝**		
	在市区：平行间距	1.25	
	垂直间距	1.0	
	在郊区：平行及垂直间距	2.0	
5	**光缆距房屋**		
	跨越平顶房顶	1.5	
	跨越人字屋脊	0.6	
6	光缆距建筑物的平行间距	2.0	
7	与其他架空通信缆线交越时	0.6	≥ 30°
8	与架空电力线（10kV）交越时	2.0	
9	跨越河流	2.0	
	不通航的河流，光缆距最高洪水位的垂直间距 通航的河流，光缆距最高通航水位时的船桅最高点	1.0	
10	消火栓	1.0	
11	光缆沿街道架设时，电杆人行道边石	0.5	
12	与其他架空线路平行时	不宜小于 4/3 倍的杆高	

7.1.2 光缆配盘

应根据路由条件选配满足设计规定的不同型号规格的光缆、配盘，尽量做到整盘配置，总衰减及总色散等传输指标应满足系统设计的要求。在配盘中，靠近局站侧的单盘长度一般不小于1km，普通架空光缆接头应选择在合适的电杆上，接续盒两侧各预留10 ～ 15m余缆。

7.1.3 施工器具

1. 缆盘放线支架

缆盘放线支架用于支撑缆盘放线。使用时，将轴杆穿入缆盘中间的孔内，之后用放线架在轴杆两端顶起进行放线，如图7-1所示。

2. 牵引网套

牵引网套是连接牵引绳与光缆的专用连接器具，使光缆顺利通过滑轮。网套应是双层或三层的绞合空心钢丝网套，其内径应与缆径匹配，如图7-2所示。

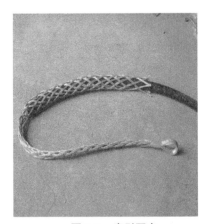

图 7-1　缆盘放线支架　　　　图 7-2　牵引网套

3. 吊线紧线器

吊线紧线器一般采用手板葫芦，其具有便携和灵活性，可轻松地精细控制起重光缆和牵引速度，避免误操作及损坏光缆，如图 7-3 所示。

4. 卡线器

卡线器又称线轴、线盘，是一种用于收纳和整理线缆的工具。安装卡线器时，应选择一个合适的位置进行固定，如有需要，可以使用螺丝或其他固定件进行加固，如图 7-4 所示。

图 7-3　手扳葫芦

图 7-4　卡线器

7.2　架空杆路施工工艺

7.2.1　杆路架设工艺

① 杆洞应平整，四壁应平直，与洞底呈垂直状。有临时堆积泥土的杆洞，洞深计量应以永久地面为准。

② 回填土应夯实，在杆根周围堆成 100 ～ 150mm 的圆锥形土堆。

③ 直线杆应上下垂直，杆身中心垂线与路由中心线左右偏差不大于 50mm；角杆杆梢应在线路转角点向外倾斜约一个杆梢。

④ 终端杆杆身应向张力反侧倾斜 100 ～ 200mm。

⑤ 杆路的基本杆距为 50m，市区为 35 ～ 40m，郊区为 40 ～ 50m，具体可根据现场环境而定。

⑥ 直线线路的杆塔位置应在线路路由的中心线上。杆塔中心线与路由中心线的左右偏差应不大于 50mm；杆塔本身应上下垂直。

⑦ 角杆应立于线路转角点以内 100 ～ 150mm；角杆的杆梢应在线路转角点以外倾斜一个杆梢左右为宜。

⑧ 与 10kV 电力线同杆架设的光缆线路的终端杆，原则上不得借用电力杆。

⑨ 终端杆立起后，杆身应向张力反侧（即拉线侧）倾斜 100 ～ 200mm。

⑩ 立杆埋深主要根据线路负荷、土壤性质、杆体规格而定，应符合表 7-2 中的规定。

表 7-2　立杆埋深表

电杆高度 /m	电杆埋深 /m			
	松土	普通土	石质土	坚石
7.0	1.6	1.4	1.2	1.1
8.0	1.8	1.6	1.4	1.2
9.0	2.0	1.8	1.5	1.3
10.0	2.0	1.8	1.5	1.3
11.0	2.1	1.9	1.6	1.4
12.0	2.1	1.9	1.6	1.4

7.2.2　拉线工艺

① 拉线抱箍应紧靠吊线抱箍，间距不大于 100mm，宜装设在吊线抱箍之上，拉线抱箍至杆顶距离不小于 500mm。

② 拉线盘应与拉线垂直，拉线地锚出土斜槽应与拉线上把成直线。

③ 拉线抱箍在电杆的位置，终端拉线、顶头拉线，角杆拉线、顺线拉线一律装设在吊线抱箍的上方，侧面拉线装设在吊线抱箍的下方，拉线抱箍与吊线抱箍间距为 10±2cm，第一道拉线与第二道拉线的抱箍间距为 40cm。

④ 7/2.2 钢绞线主吊线，角深应在 7.5m 以下，拉线应采用 7/2.6 钢绞线；角深在 7.5m 以上，拉线应采用 7/2.6 钢绞线，顶头拉线采用 7/2.6 钢绞线。角杆应在线路转角点内移，水泥电杆的内移值为 10 ～ 15cm，因地形限制或装撑杆的角杆可不内移，吊线收紧后，角杆应向外倾斜半个杆梢左右。终端杆竖立后应向拉线侧倾斜 10 ～ 20cm。拉线如图 7-5 所示。

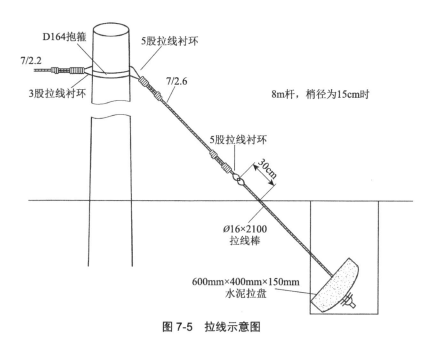

图 7-5　拉线示意图

⑤ 拉线程式与拉线盘、地锚铁柄的配套应符合表 7-3 中的规定。

表 7-3　拉线程式与拉线盘、地锚铁柄的配套

拉线程式	拉线盘程式 /mm	地锚铁柄程式 /mm
7/2.2	500×300×150	Ø16×2100
7/2.6	500×300×150	Ø20×2100
7/3.0	600×400×150	Ø20×2100

⑥ 各种拉线地锚坑深应符合表 7-4 中的规定，偏差应小于 50mm。

表 7-4　拉线地锚坑深度表

拉线程式	地锚坑深 /m			
	普通土	硬土	水田、湿地	石质
7/2.2	1.3	1.2	1.4	1.0
7/2.6	1.4	1.3	1.5	1.1
7/3.0	1.5	1.4	1.6	1.2
2×7/2.2	1.6	1.5	1.7	1.3
2×7/2.6	1.8	1.7	1.9	1.4
2×7/3.0	1.9	1.8	2.0	1.5

7.2.3　吊线工艺

① 吊线抱箍应距杆稍 40 ~ 60cm，背档杆吊线抱箍可以适当降低，吊档杆抱箍可升高，距杆稍不得少于 25cm。第一层吊线与第二层吊线间距 40cm。

② 第一吊线应在杆路前进方向左侧，吊线方向不可任意改变。

③ 吊线的背档杆和吊档杆为 5m 以上时应做辅助装置。100m 以上的长杆档吊线要做辅助拉线，跨越杆应做三方拉线，终端杆做 7/2.6 的顶头拉线，200m 以上飞线，跨越杆和终端杆的顶径在 19cm 以上。飞线跨越不能超过 400m，超过时应立过渡中间杆。

④ 吊线应设接地保护措施，每处接地点的接地电阻应小于 20Ω。接地引线选用 25mm^2 钢绞线连接 Φ16mm 圆钢，圆钢插入地下 1.5m 以上。

⑤ 光缆吊线应每隔 300 ~ 500m 设一处接地，每隔 1000m 左右电气断开。

⑥ 普通架空光缆吊线如图 7-6 所示。

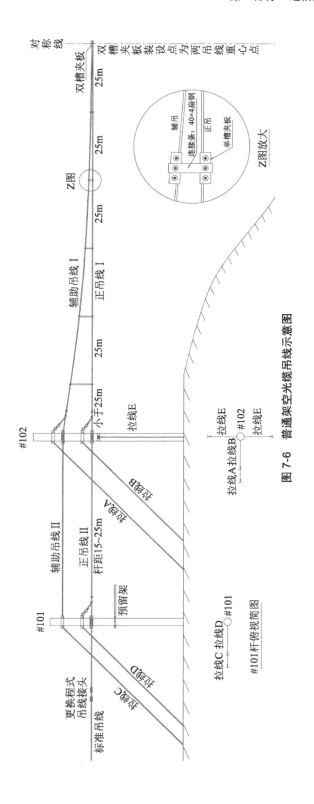

图 7-6　普通架空光缆吊线示意图

7.2.4 引下装置工艺

① 引下钢管安装在距离电缆沟最近的构架侧，下端口朝向电缆沟，引下钢管应与构架杆塔上下平行安装，高度距离地面 1200～1500mm，安装间距 300～400mm，引下钢管与抱箍间衬垫绝缘橡胶。

② 钢管的地埋段应采用放坡敷设，放坡向电缆沟（或落地余缆箱）倾斜坡度应为 3‰～5‰，下端口与电缆沟壁齐平。

③ 引下钢管与构架按规定距离固定时，若弯折处位于构架保护帽以内，敷设时宜预埋进保护帽。

④ 电缆沟与安装引下钢管的构架间距不宜超过 5m。

⑤ 引下钢管封堵前应进行排水试验，确保预埋钢管内积水能及时排出。

引下钢管敷设如图 7-7 所示。

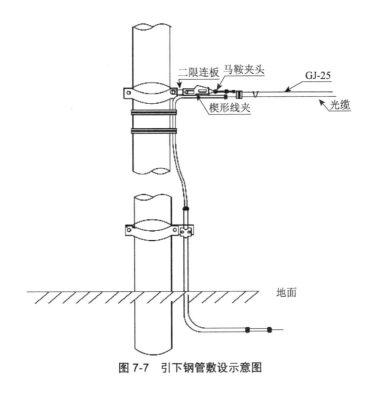

图 7-7　引下钢管敷设示意图

7.3　架空光缆施工工艺

7.3.1　架设方式

1. 人工架设

① 人工推动光缆盘逐步将光缆放出，每隔一根电杆设滑轮进行辅助牵引，在角杆处必须设专人进行辅助牵引，必要时角杆上装导向滑轮。牵引端逐渐收紧绳索，使光缆逐步放出。

② 一盘光缆一般分两次布放，布放前半盘后，就地以倒 8 字盘绕，再向另一方向布放后半盘。

③ 光缆布放应预留接头长度，每根电杆预留长度和盘留长度，接头应做好包扎处理。

2. 机械架设

① 机械牵引主机置于收缆端，辅助牵引置于架设路由的适当处。

② 推动光缆盘缓慢放出光缆，在角杆处加装导向轮。

③ 在光缆允许牵引力的限度下，一次所布放的光缆长度视地形条件而定，张力超过时应自动停车。

④ 光缆布放完毕，应预留接头长度、每根电杆预留长度和盘留长度，接头应做好包扎处理。

机械敷设方式如图 7-8 所示。

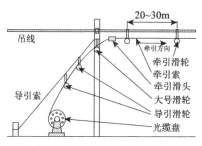

图 7-8　机械敷设光缆示意图

7.3.2 光缆架设工艺

① 光缆敷设应采用滑轮牵引方式。牵引力应不超过光缆最大使用张力的 80%，主要牵引力应加在光缆加强件上。人工牵引敷设时，速度要均匀，一般控制在 10m/min 左右为宜。

② 挂钩间距以 500±30mm 为宜，电杆两侧第一个挂钩距吊线夹板间距为 250±20mm，挂钩在吊线上搭扣方向应一致、托板齐全。

③ 每 1000m 预留约 50m 余缆，环境复杂地区可每 500m 预留约 50m 余缆；光缆接续处宜对称预留约 20m 余缆，并采用余缆架圈放。

④ 光缆挂钩的卡挂间距应为 50cm，偏差应不大于 ±3cm；在电杆两侧的第一个挂钩距吊线固定物边缘应为 100cm，偏差应不大于 ±2cm。挂钩在吊线上的搭扣方向一致，挂钩托板应齐全。杆路起伏较大时，应采用加固绑挂措施。

⑤ 光缆的布放曲率半径应大于光缆外径的 20 倍，布放应平直、无扭转弯、无过度弯曲、无机械损伤，走向合理美观。

⑥ 每根电杆做杆弯预留，光缆下垂 25cm 并用塑料软管进行保护，于杆两侧绑扎完好。

⑦ 光缆在引下上吊部位及每根杆处均应作伸缩弯，以防止光缆热胀冷缩引起光纤应力变化，如图 7-9 所示。

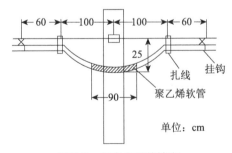

图 7-9　架空光缆伸缩弯

⑧ 普通架空光缆线路架设布置如图 7-10 所示。

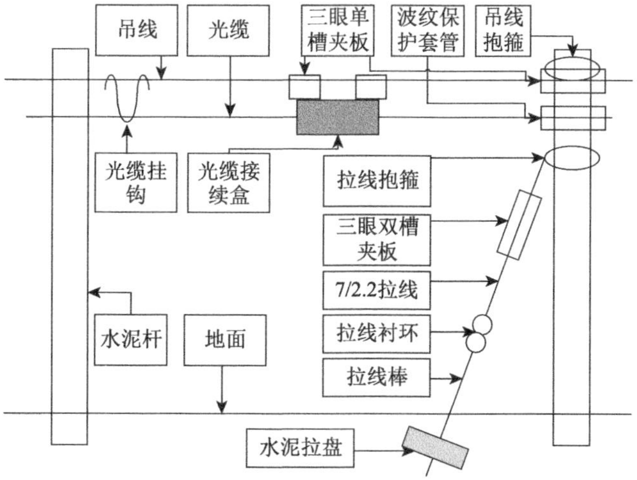

图 7-10 普通架空光缆线路架设布置

7.3.3 标识标牌要求

① 线路标识应标明线路名称、编号以及联系电话等，字体清晰端正。

② 光缆在线路及接头、沟道、转弯、交跨处应有醒目标识。

③ 杆号牌下边缘距地面 2.5m 为宜。

④ 光缆线路应每隔一定距离挂设标识，同类型线路较多或线路复杂处、光缆接头处及余缆处必须挂设线路标识，标识应悬挂在光缆上。

⑤ 光缆易遭人为外力破坏处应加挂警示标识，并做相应安全防护措施。

7.3.4 交叉跨越要求

① 光缆线路与 10kV 及以上电力线路平行或交叉，安全距离应符合 DL/T 409—2023《电力安全工作规程 电力线路部分》的要求。

② 光缆与架空电力线路交越时，应在交越处进行绝缘处理。

③ 光缆线路经过变压器时，应采用横担支架或加立专用电杆等措施，线路与配电变压器及其引下线距离应符合相应电压等级要求，并根据情况增加绝缘保护措施。

④ 吊线应与配电变压器、分支线的跌落式熔断器相对安装在电力杆的两侧，严禁从高压引下线中间穿过。

7.3.5 接地线要求

接地线应按设计要求装设。光缆吊线应每隔 500m 左右接地一处，用 7/2.2 钢绞线以 U 形夹夹紧于吊线上沿电杆引下，用镀锌螺丝拧紧于 20cm 镀锌扁铁（30mm×4mm）与 1m 的角钢（50mm×50mm×5mm）的连接件，将角钢部分打入地表。架空光缆吊线接地电阻应符合表 7-5 中的规定。

表 7-5 架空光缆吊线接地电阻表

土壤比值（Ω·m）	普通土	夹沙土	沙土	石质
	100 以下	101～300	301～500	500 以上
接地线电阻（Ω）	20	30	35	45

主要参考资料

Q/GDW 11590—2016《电力架空光缆缆路设计技术规定》

DL/T 409—2023 《电力安全工作规程 电力线路部分》

YD 5102—2010 《通信线路工程设计规范》

第8章

管道（管廊）光缆施工工艺

电力通信中管道（管廊）光缆主要应用于城区光缆网，一般敷设于独立电力通信管道或电缆管道。本章主要介绍了管道（管廊）光缆施工工艺，包括管道基础施工工艺、管（沟）道中光缆敷设工艺以及其他安全注意事项、施工质量控制等要点。

8.1 管道基础施工工艺

8.1.1 通信管道材质

通信管道通常采用的材料主要有聚乙烯（PE）塑料管、硬聚氯乙烯（PVC-U）塑料管、水泥管块等（如图 8-1 至图 8-6 所示），在部分过路和特殊地段采用钢管。通信用塑料管材规格及适用范围应符合表 8-1 中的规定。

图 8-1　波纹管

图 8-2　HDPE 硅芯管

图 8-3　五孔梅花管

图 8-4　MPP 顶管

图 8-5　栅格管

图 8-6　七孔蜂窝管

表 8-1　通信用塑料管材规格及适用范围

序号	类型	材质	规格（mm）	适用范围
1	实壁管	PVC-U	φ110/100	主干管道、支线管道、驻地网管道
			φ100/90	
		PE	φ110/100	
			φ100/90	
2	双壁波纹管	PVC-U	φ100/90	
		PE	φ110/90	
3	硅芯管	HDPE	φ40/33	
			φ46/38	
4	梅花管	PE	7孔（内径32）	主干管道、支线管道
5	栅格管	PVC-U	4孔（内径50）	
			6孔（内径33）	
			9孔（内径33）	
6	蜂窝管	PVC-U	7孔（内径33）	

　　水泥管块的规格和使用范围应符合表 8-2 中的规定，水泥管块如图 8-7 所示。

表 8-2　常用水泥管块规格及适用范围

孔数 × 孔径（mm）	标称	外形尺寸（长 × 宽 × 高，mm）	适用范围
3×90	三孔管块	600×360×140	城区主干管道、支线管道
4×90	四孔管块	600×250×250	
6×90	六孔管块	600×360×250	

钢管强度大，一般用于穿越铁路、公路、桥梁或管顶距车行道路面较近或引上管等地方，不易变形受损（如图 8-8 所示）。

图 8-7　水泥管块　　　　　图 8-8　钢管

在综合管线较多、地形复杂的路段城区道路应选择塑料管道，郊区和野外的长途光缆管道应选用硅芯管。

8.1.2　管道埋深、净距

管道建设前必须经过现场查勘，决定管孔的排列，确定管道段长和人（手）孔类型，选择合适的人（手）孔埋深，选取必要的坡度。施工一般分为画线定位、开凿路面、开挖管道沟槽、制作管道基础、管道敷设、管道包封、制作人（手）孔及管道沟槽、回填余土清运等工作。现场查勘时，必须确保管道敷设埋深和管道与其他地下管线、建筑物净距。

1. 管道埋深

通信管道的埋设深度应符合表 8-3 中的规定。当埋深未达到要求时，应采用混凝土包封或钢管保护。

表 8-3　路面至管顶的最小深度

单位：m

类别	人行道 / 绿化带	机动车道	与电车轨道交越 （从轨道底部算起）	与铁道交越 （从轨道底部算起）
塑料管、水泥管	0.7	0.8	1.0	1.5
钢管	0.5	0.6	0.8	1.2

2. 最小净距

通信管道、通道与其他地下管线及建筑物同侧建设时，通信管道、通道与其他地下管线及建筑物间的最小净距应符合表 8-4 中的规定。

表 8-4　通信管道、通道与其他地下管线及建筑物间的最小净距

其他地下管线及建筑物名称		平行净距 /m	交叉净距 /m
已有建筑物		2	
规划建筑物红线		1.5	
给水管	d ≤ 300mm[①]	0.5	0.15
	300mm < d ≤ 500mm	1	
	d > 500mm	1.5	
排水管		1.0[②]	0.15[③]
热力管		1	0.25
输油管道		10	0.5
燃气管	压力 ≤ 0.4MPa	1	0.3[④]
	0.4MPa < 压力 ≤ 1.6MPa	2	
电力电缆	35kV 以下	0.5	0.5[⑤]
	35kV 及以上	2	
高压铁塔基础边	35kV 及以上	2.5	
通信电缆（或通信管道）		0.5	0.25
通信杆、照明杆		0.5	
绿化	乔木	1.5	
	灌木	1	
道路边石边缘		1	
铁路钢轨（或坡脚）		2	

续表

其他地下管线及建筑物名称	平行净距 /m	交叉净距 /m
沟渠基础底		0.5
涵洞基础底		0.25
电车轨底		1
铁路轨底		1.5

【注】①d 为外部直径。②主干排水管后敷设时，排水管施工沟边与既有通信管道间的平行净距不得小于 1.5m。③当管道在排水管下部穿越时，交叉净距不得小于 0.4m。④在燃气管有接合装置和附属设备的 2m 范围内，通信管道不得与燃气管交叉。⑤电力电缆加保护管时，通信管道与电力电缆的交叉净距不得小于 0.25m。

8.1.3　管道坡度

为了避免污水渗入管道内堵塞管孔、腐蚀，铺设管道时往往要保持一定的坡度，使管道内的污水能够流入人（手）孔内以便清除。规定管道坡度为 0.3% ～ 0.4%，最小不得低于 0.25%。管道坡度一般采用人字坡、一字坡、斜坡三种形式。

1. 人字坡

人字坡以相邻两个人（手）孔间管道的适当地点作为顶点，以一定的坡度分别向两边倾斜铺设，如图 8-9 所示。采用人字坡的优点是可以减少土方量，但施工铺设较为困难，同时在布放时也容易损伤光缆护套。如采用混凝土管，两个混凝土管端面的接口间隙一般不得大于 0.5cm，通常管道段长超过 130m 时，多采用人字坡。

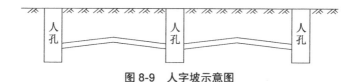

图 8-9　人字坡示意图

2. 一字破

一字坡是在两个人（手）孔间铺设一条直线管道，如图 8-10 所示。施工铺设一字坡较人字坡便利，同时可降低损伤护套的可能性；但采用一字坡时两个人（手）孔间的管道两端的沟槽高度相差较大，平均埋深及土方量较大。

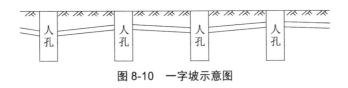

图 8-10　一字坡示意图

3. 斜坡

斜坡管道随着路面的坡度而铺设，如图 8-11 所示。一般在道路本身有 0.3% 以上坡度的情况下采用，是为了减少土方量将管道坡度向一方倾斜所致。

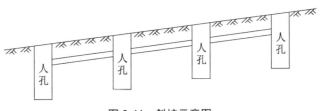

图 8-11　斜坡示意图

8.1.4　通信管道弯曲与段长

两个相邻人（手）孔中心线之间的距离叫作管道段长，管道段长如图 8-12 所示。直线管道允许段长一般应限制在 120m 内，弯曲管道应相对缩短。采用弯曲管道时，它的曲率半径一般应不小于 36m，在一段弯曲管道内不应有反向弯曲即 S 形弯曲，也不得有 U 形弯曲。

图 8-12　管道段长示意图

8.1.5　顶管施工工艺

管道光缆工程中有时应采用顶管方式建设管道，顶管是一种可在不影响地面交通和环境的情况下，将管道安装到地下的方法，顶管施工及现场施工如图 8-13、图 8-14 所示。顶管施工步骤及要求如下。

① 顶管路由和管孔数量应符合设计规定。

② 设备、人员进驻工地前，应对施工现场进行勘察，采用管线探测仪器，对地下原有管线的位置、走向、深度进行探测。

③ 管线查清后，参照管线图纸和设计图纸，开挖工作坑；预铺设管段的两端的工作坑应先挖好至所需大小，并沿钻进方向留出下钻孔位。

④ 根据设计钻进路径图，调整好钻杆入土角，逐根钻进；每根钻杆钻进时测量其深度及方向，做好钻进路径统计表记录；在地表测量点做好标记，以方便二次钻进时核对深度及位置；要求每一根钻杆的深度误差在 ±0.2m 以内，轴向偏差在 ±0.3m 以内；记录好钻进过程中的扭矩、推力、泥浆流量、泥浆压力、角度改变量。

⑤ 回扩孔采用挤扩器进行起扩，扩孔时应使用根据地层实际情况配置的泥浆，确保孔壁稳定、泥浆流动顺畅；扩孔完成后，用清孔器对孔进行一次清孔处理，以排出孔内多余渣土，对成孔内壁做进一步稳固。

⑥ 扩孔完成后，进行管道回拉；为防止管头拉入孔内的过程中有水进入管中，在安装拉管头时应事先用水堵封堵好；拉管时，一边拉管一边向孔内加注优质泥浆充实孔隙及润滑孔壁；当管材慢慢进入成孔后，注意两端工作坑泥浆的流动情况，控制好回拖速度，记录下钻机的扭矩、回拖速度、回拖拉力，确保顺利回拖；回拖铺管结束后，在回扩孔内应进行压密注浆处理。

⑦ 顶管完成后，管孔内应一次性预放多根光缆保护子管，填满管体内部，并进行管孔封堵。

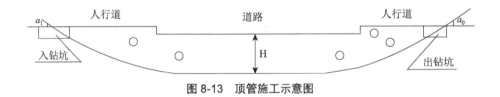

图 8-13　顶管施工示意图

图 8-14　顶管施工入土、出土口示意图

8.2 管（沟）道光缆敷设工艺

8.2.1 敷设方式

管道光缆的敷设方法有机械牵引法、人工牵引法及机械与人工相结合的敷设方法。日常施工中较多运用机械与人工相结合的敷设方法。

1. 机械牵引法

使用机械牵引敷设光缆如图 8-15 所示，牵引敷设时可根据实际情况选择集中牵引方式、分散牵引方式或中间辅助牵引方式。

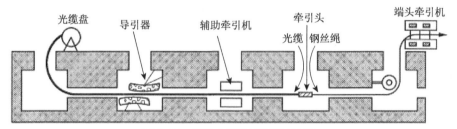

图 8-15 管道光缆机械牵引示意图

① 以集中牵引方式敷设时，将牵引钢丝通过牵引端头与光缆端头连好，用终端牵机按设计张力将整条光缆牵引至预定敷设地点，如图 8-16 所示。

图 8-16 集中牵引方式示意图

② 分散牵引方式主要由光缆外护套承受牵引力，在光缆侧压力允许条件下施加牵引力，因此不使用终端牵引机，使用 2～3 部辅助牵引机完成光缆敷设，如图 8-17 所示。

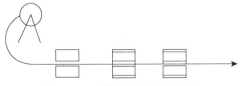

图 8-17   分散牵引方式示意图

③ 中间辅助牵引方式是一种效果较好的敷设方式，该方式以终端牵引机通过光缆牵引端头牵引光缆，辅助牵引机在中间给予辅助，使一次牵引长度得以增加，如图 8-18 所示。

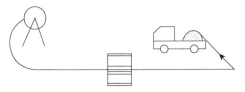

图 8-18   中间辅助牵引方式示意图

2. 人工牵引法

由于光缆具有轻、细、软等特点，在没有牵引机的情况下，可采用人工牵引方法敷设。

人工牵引方法的要点是在良好的指挥下尽量同步牵引，牵引时一般为集中牵引与分散牵引相结合，即有一部分人在前边拉牵引索（尼龙绳或铁线），每个人孔处有 1～2 人帮助拉，人工牵引方法操作如图 8-19 所示。

图 8-19   人工牵引方法操作示意

人工牵引布放长度不宜过长，常用的方法为，牵引出几个人孔段后，将光缆引出盘成∞形，然后再向前敷设，如距离长还可继续盘∞，直至整盘光缆布放完毕。

3. 机械与人工相结合的牵引方法

在实际管道光缆敷设施工中，通常根据光缆敷设现场环境等具体情况，采用机械牵引和人工牵引相结合的方式进行光缆牵引敷设。

8.2.2　保护子管敷设工艺

在管孔中敷设管道光缆前应敷设保护子管，如图 8-20 所示。保护子管敷设工艺应符合以下要求。

图 8-20　保护子管敷设示例

①　保护子管布放以人孔间隔长度为布放单元，最大布放长度根据布放允许的最大张力确定。布放时应避免扭曲和套结，敷设完毕后应及时封堵管孔并绑扎固定，如图 8-21、图 8-22 所示。

图 8-21　保护子管沟道内固定　　　　图 8-22　水泥管孔封堵

② 保护子管不得跨井敷设，在手孔或人井处应断开，子管在人孔内伸出长度约为 150～200mm 并进行临时封堵，短期内不用的保护子管应用子管塞进行封堵，如图 8-23 所示。

图 8-23　保护子管沟道封堵示例

8.2.3　沟道（管廊）内光缆施工工艺

适用于共用通道或通信光缆专用通道中，沟道及小型隧道内的光缆敷设施工。

新建或改建的沟道应安装光缆专用防火槽盒。槽盒尺寸根据沟道实际大小及光缆数量确定。槽盒应与一次动力电缆分开（分层分侧），应沿电缆沟上层支架平直布放。典型沟道和隧道内防火槽盒安装如图 8-24、图 8-25 所示，防火槽盒安装完成如图 8-26 所示。

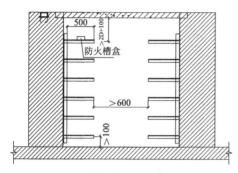

图 8-24　沟道内防火槽盒安装示意图

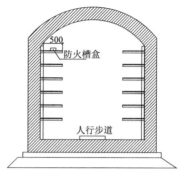

图 8-25　隧道内防火槽盒安装示意图

图 8-26　隧道内防火槽盒

在无光缆专用防火槽盒的沟道布放光缆时，应在沟道内敷设通信光缆专用保护子管，保护子管应与强电线缆分开（分层分侧），光缆应敷设在沟道最上层电缆支架上，光缆应紧靠沟壁，并与原有线缆走向排列一致。典型沟道和隧道内布放如图 8-27、图 8-28 所示，光缆固定安装如图 8-29、图 8-30 所示。

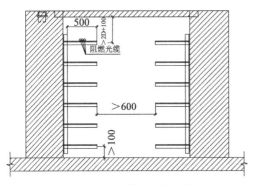

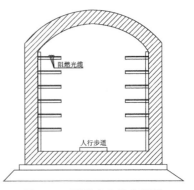

图 8-27　沟道内光缆安装图　　　　　图 8-28　隧道内光缆安装图

图 8-29　光缆固定于上层电缆支架　　　图 8-30　光缆固定于隧道支架

在无电缆支架的沟道布放时，应在沟道一侧沟壁安装线卡、线钩等附件，将光缆固定在卡（钩）处悬挂至沟壁上方，示意图为图 8-31，光缆沿卡（钩）固定安装如图 8-32 所示。

图 8-31　沟道内光缆线卡（钩）安装示意图　　图 8-32　沟道内光缆线卡（钩）安装

光缆通过道路涵管时，应在涵管的两端上方安装固定支架，两端固定支架之间布放一根钢绞线，如图 8-33 所示。并采用挂钩形式敷设光缆穿越涵管，如图 8-34 所示。

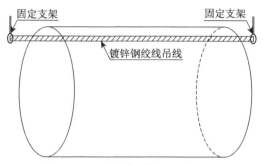

图 8-33　涵管内钢绞线支架安装图

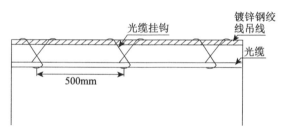

图 8-34　涵管内光缆安装图

沟道内光缆需出沟时，应在沟壁上侧贴近水泥盖板处打孔或砌通道，不应在人孔、井圈处打孔，如图 8-35 所示。

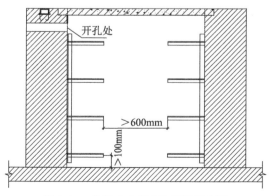

图 8-35　沟道内光缆出沟通道示意图

8.2.4 管（孔）道光缆敷设工艺

适用于电力通信专用管道、城市综合管道、电缆管道中的光缆施工。

在管孔中敷设光缆，选用孔位应按照"先上后下，先两侧后中间"的原则。保护子管敷设时应根据管孔的大小，在管道的一个管孔内一次性敷设多根保护子管，每根子管中敷设一根光缆（如图 8-36、图 8-37 所示）。

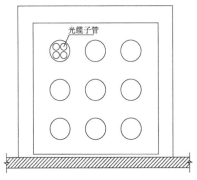
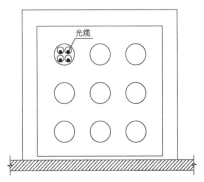

图 8-36　管孔内保护子管安装示意图　　　图 8-37　管孔内光缆安装示意图

在运电力管道无通信专用管孔时，应将光缆敷设在引流线电缆管孔内，如图 8-38 所示。

图 8-38　引流线电缆管孔敷设通信光缆

电力管孔中敷设光缆，管孔位置应全线一致，不得任意变换。当人孔出入口或路由上出现拐弯以及管道人孔高度差等情况时，应在上述位置安装相应的导引固定装置，如图 8-39 所示。

图 8-39　电力管道内通信光缆导引固定

光缆敷设的静态弯曲半径应不小于 15 倍的光缆外径，施工过程中的动态弯曲半径应不小于 20 倍，布放光缆的牵引力不应超过光缆最大使用张力的 80%，瞬间最大牵引力不得超过光缆的最大使用张力。主要牵引力应作用在光缆的加强芯上，其余张力加在外护层上，牵引端头应采用防水胶带或树脂等材料进行防水处理。

光缆牵引端头与牵引索之间应加入退扭器，光缆的牵引端头可以预制，也可以现场制作。布放光缆时，光缆应由缆盘上方放出并保持松弛的弧形。光缆布放过程中应无扭转，严禁打背扣、浪涌等现象发生。

机械牵引敷设时，牵引机速度调节范围应为 0 ～ 20m/min，且为无级调速。当牵引力超过规定值时，应能自动告警并停止牵引；人工牵引敷设时，速度要均匀，一般控制在 10m/min 左右，且光缆一次牵引长度一般不大于 700m。在光缆过长或路径急转弯时，应采取 ∞ 字形盘绕法分段敷设。

光缆在井内不可直接穿过，应沿着井壁敷设，宜采用波纹塑料软管保护，并与保护子管保持水平，固定在托架或井壁上，确保排列整齐，避免相互挤压、交叉，如图 8-40 所示。

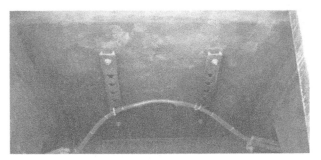

图 8-40　手井光缆敷设

　　接续点应设置在手井内，并留有接续余缆，光缆断头在未接续时宜及时加盖封堵帽，预留光缆盘圈长度应不小于 15 倍的光缆外径。手井内余缆固定如图 8-41 所示。

图 8-41　手井内余缆固定

8.2.5　直埋光缆工艺

　　以直埋方式布放光缆相对于新建管道和顶管等方式成本较小、施工方便，但其后期调整灵活性差，故障处置难度高，维修时应重新开挖铺设，且遭施工及小动物啃咬破坏风险较高。因电力通信光缆运行安全性要求高，在现场条件允许的情况下，不推荐以直埋方式敷设光缆。

1. 直埋光缆挖沟

① 光缆沟上宽度应以不塌方为宜，且要求底平、沟直，如图 8-42 所示。石质、半石质沟沟底应铺设 100mm 厚细土或沙土。

图 8-42 直埋光缆沟示例

② 光缆沟底部宽度应为 300 ～ 400mm，每增加一条光缆，沟底宽度增加 100mm。

③ 对于沟、渠段的光缆沟，深度应从沟、渠的最低点算起。在沟、渠两侧陡坡上应挖成类似起伏地形的缓坡，坡度应大于光缆最小弯曲半径。

④ 直埋光缆与其他建筑设施间的最小净距应符合表 8-5 的相关规定。

⑤ 接头坑深度应与缆沟深度相同，宽度不小于 1.2m。

⑥ 接头坑应在光缆线路前进方向同一侧，靠路边时，应靠道路外侧。

表 8-5 直埋光缆与其他建筑设施间的最小净距标准

单位：m

名称	平行时	交越时
通信管道边线（不包括人孔）	0.75	0.25
非同沟的直埋通信光、电缆	0.5	0.25
直埋电力光缆（35kV 以下）	0.5	0.5
直埋电力电缆（35kV 及以上）	2.0	0.5
架空线杆及拉线	1.5	
给水管（管径小于 300mm）	0.5	0.5
给水管（管径 300 ～ 500mm）	1.0	0.5
给水管（管径大于 500mm）	1.5	0.5
高压油管、天然气管	10.0	0.5
热力、排水管	1.0	0.5

续表

名称	平行时	交越时
热力、下水管	1.0	0.5
燃气管（压力小于300kPa）	1.0	0.5
燃气管（压力300～1600kPa）	2.0	0.5
排水沟	0.8	0.5
房屋建筑红线或基础	1.0	
树木（市内、村镇大树、果树、行道树）	0.75	
树木（市外大树）	2.0	
水井、坟墓、粪坑、积肥池、沼气池、氨水池等	3.0	

【注】①采用钢管保护时，与水管、煤气管、石油管交越时的净距可降为0.15m。②大树指直径300mm及以上的树木。对于孤立大树，还应考虑防雷要求。③穿越埋深与光（电）缆相近的各种地下管线时，光（电）缆宜在管线下方通过。④隔距达不到本表要求时，应采取保护措施。

2. 直埋光缆敷设

① 布放光缆时，不直接在地上拖拉光缆，布放速度要均匀，避免光缆过紧或急剧弯曲：光缆弯曲半径不小于25倍光缆直径。

② 同沟布放多条光缆时，应平行排列，不重叠或交叉，缆间平行净距不小于100mm。

③ 采用机械牵引方式敷设时，宜采用光缆端头牵引及辅助牵引机组合牵引，牵引力应加在光缆加强件上。一般在光缆沟旁牵引，由人工将光缆放入光缆沟中。

④ 采用人工牵引方式敷设时，一次布放长度应为500m，分几次牵引时应采用平放∞或叠放∞方式，并分段牵引。

⑤ 光缆敷设后应及时进行回填，应先铺盖100～300mm的细土或沙土，上面盖砖后再回填原土，分层夯实，每回填土300mm夯实一次，回填土应稍高出地面。

8.2.6　接续盒与余缆安装工艺

光缆接续完毕后进行接续盒和余缆的固定，应符合以下要求。

① 井内接续盒宜选用壁挂式阻燃耐热材料，应密封良好、封装牢固。接续盒托架、挂钩环、固定用的膨胀栓及绑扎带应具备防腐蚀性。

② 光缆接续点应合理设置，同个井中接续盒数量应不超过 4 个。若工作井为空间较小的手孔，可将接续盒安装在井壁，余缆抽拉至两侧相邻手孔中固定，减小接续盒与余缆所占手孔空间。

③ 光缆接续盒应安装在人井的较高位置，防止雨季时被人井内的积水浸泡，如图 8-43 所示。

图 8-43　人井内接续盒固定示例

④ 接续余缆应紧贴人井壁或人井搁架，盘成 O 形圈并绑扎牢靠，如图 8-44 所示。井内接续余缆长度不宜超过二次接续的长度（一般单侧控制在 10m 以内），余缆在余缆架的绑扎点应不少于 4 处，人井内严禁以其他方式预留余缆。

图 8-44 人井内余缆固定示例

⑤ 110kV 及以上充沙管道井内,如已设置预制盒,则余缆和接续盒放置于预制盒内,预制盒应紧贴井壁安装;如电力井外侧单独设置通信光缆接续井,接续井之间连接管道应选用高强度管材。

8.2.7 标识标牌要求

① 光缆敷设完毕后应及时悬挂标识牌,标识牌(如图 8-45 所示)及绑扎线应经久耐用、抗腐蚀性强,辨识度高。

图 8-45 光缆标识牌

② 标识牌至少具备以下信息:光缆名称、芯数、运维单位名称、检修联系电话。

③ 光缆在线路及接头、沟道、转弯、交跨处应有醒目标识。

④ 在有接续盒或余缆架的井内，接续盒或余缆架与保护子管处分别悬挂标识牌；无接续盒或余缆架的井内，在保护子管处悬挂标识牌。

⑤ 同类型线路较多或线路复杂处、光缆接头处及余缆处应挂线路标识，标识应悬挂在光缆上。

⑥ 电力管沟或共用管道中敷设的光缆在每只人（手）孔处都应挂设线路标识，一般挂在子管或保护管上，其他管道中至少应每 500m 设一块标识。

主要参考资料

GB 50373—2019 《通信管道与通道工程设计标准》

Q/GDW 10758—2018 《电力系统通信光缆安装工艺规范》

YD 5121—2010 《通信线路工程验收规范》

Q/GDW 543—2010 《电力光纤到户施工及验收规范》

Q/GDW 12167—2021 《沟（管）道光缆工程典型设计规范》

第9章

海底光缆施工工艺

海底光缆是海岛之间或海岛与陆地之间的重要通信传输手段。海岛区域受限于特殊的地理环境无法架设 OPGW 等类型光缆,为保证电力网络通信可靠性,需建设海底光缆。相比于陆上光缆,海底光缆的施工、接续、运维更加困难,运维成本更高,同时需向海事等部门获取海上作业的批准。本章主要介绍海底光缆材料与结构、敷设与接续施工工艺以及施工相关注意事项等内容。

9.1　海底光缆施工准备

9.1.1　材料与结构

海底光缆一般由光单元、内铠装层、电导体、绝缘层、内护层、金属带保护层、外护层、外铠装层和外被层中的全部或部分组成。电力用海底光缆有专用海底光缆和光电复合海底电缆两种。专用海底光缆典型结构如图 9-1所示,光纤复合海底电缆典型结构如图 9-2 所示。

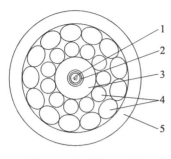

1-光单元；2-电导体；3-内护层；
4-外铠装层；5-外被层

图 9-1 一种双层铠装无中继海底光缆结构

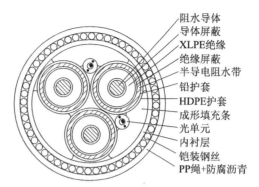

阻水导体
导体屏蔽
XLPE绝缘
绝缘屏蔽
半导电阻水带
铅护套
HDPE护套
成形填充条
光单元
内衬层
铠装钢丝
PP绳+防腐沥青

图 9-2 一种三相统包光电复合缆结构

海底光缆施工对材料和结构有以下要求。

① 海底光缆的结构设计和材料的选用应满足预期的工作寿命要求。

② 海底光缆中直接接触的元件、材料之间应相容。

③ 海底光缆的使用和敷设温度为 –10℃～ +45℃。

④ 光单元包含光纤、不锈钢管及合适的填充材料，光单元宜采用松套结构。

⑤ 海底光缆的缆芯可包含一个或多个光单元。若只含有一个光单元，光单元宜采用中心管结构形式，若包含多个光单元，应采用层绞结构形式，如图 9-3 所示。

⑥ 光纤应符合 GB/T 9771 的规定，应用于通信或监测。当海底光缆系统设计对光纤或监测波长有其他要求时，应由供需双方协商确定。

⑦ 光纤应采用全色谱识别，其标志颜色应符合 GB/T 6995.2 的规定，并且不褪色、不迁移。

⑧ 光纤应放置在不锈钢或其他金属松套管中，光纤在金属松套管中的余长应均匀稳定。金属松套管外径和厚度的尺寸可以随光纤数量和光纤余长变化而改变。

图 9-3 层绞结构光缆

⑨ 金属松套管内应连续填充触变型膏状复合物。

⑩ 光单元外可绞合一层或多层内铠装层，内铠装层间隙应填充合适的阻水材料，并满足纵向水密要求。内铠装层宜采用碳素钢丝。多层铠装海底光缆剖面如图9-4所示。

图 9-4 多层铠装海底光缆的剖面图

9.1.2 一般要求

① 海底光缆工程施工前应建立完善的施工组织机构和监理机构，配备满足岗位要求的人员。

② 管理及施工人员应熟练掌握安全操作规范和安全规章制度，做到持证上岗。

③ 应获得海底光缆管道铺设和水上水下施工作业等许可，如图9-5所示。

④ 应进行图纸资料会审，并以书面形式向施工人员进行技术交底。

⑤ 应收集海底光缆制造厂家主要设备技术资料，落实交付进度计划。

⑥ 应制定海底光缆海上运输及施工组织设计方案、应急预案等。

中华人民共和国
水上水下活动许可证

经审核，准许 _____ 公司

自 2016 年 3 月 30 日时至 2016 年 5 月 31 日，由 " ____ "轮、" ____ "轮、 ____ "轮在以下四点：

（39°06.3250′N/118°33.7558′E）、（39°06.1526′N/118°33.6565′E）、

（39°05.7342′N/118°34.7457′E）、（39°06.0484′N/118°34.4763′E）依次连线

围成的水域 ____ 范围内进行 _____ 作业。

监督要求（规定必要时）

_____

特发此证。

图 9-5 水上水下施工许可

9.1.3 作业环境要求

① 海底光缆工程施工前，应熟悉施工路由海域航道及水深、地形、水文、气象资料，图 9-6 所示为海域地形图案例。

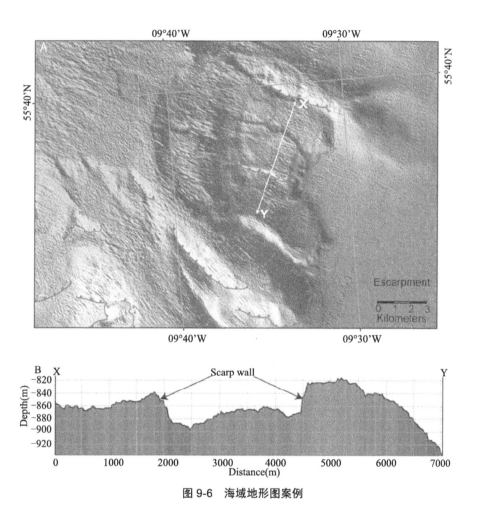

图 9-6 海域地形图案例

② 应根据设计确定的海底光缆管道路由图和位置表以及起止点、中继点（站）和总长度，进行现场踏勘。海底光缆设计路由案例如图 9-7 所示。

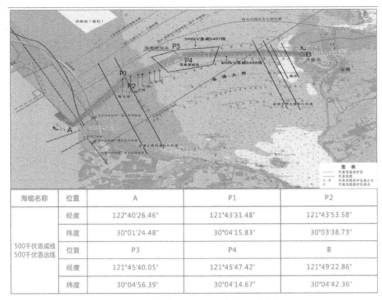

海缆名称	位置	A	P1	P2
500千伏洛咸线 500千伏洛远线	经度	122°40′26.46″	121°43′31.48″	121°43′53.58″
	纬度	30°01′24.48″	30°04′15.83″	30°03′38.73″
	位置	P3	P4	B
	经度	121°45′40.05″	121°45′47.42″	121°49′22.86″
	纬度	30°04′56.39″	30°04′14.67″	30°04′42.36″

图 9-7　海底光缆设计路由图案例

③ 应了解与该海底光缆工程建设和维护有关的其他海洋开发活动和海底设施，如图 9-8 所示的近海养殖区等，就相关的技术处理、保护措施和损害赔偿等事项达成协议。

图 9-8　近海养殖区

④ 海上敷设施工前，应按设计要求，完成海洋扫测、海床开挖等工作。海洋扫测如图 9-9 所示。

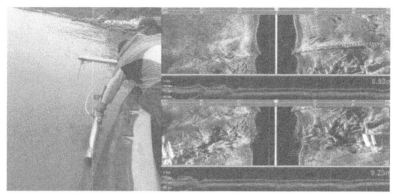

图 9-9 海洋扫测

⑤ 应依据设计要求，落实海洋环境保护措施，减少敷设工程对海洋环境的影响，并应采取必要的安全措施，减少对船舶航行、渔业生产等活动造成的妨碍。

⑥ 应做好海上船只航行信息发布安全监护等各项工作，保证施工船舶的安全，避免施工作业受到外来船舶的干扰。海底光缆施工船与警戒艇如图 9-10 所示。

图 9-10 海底光缆施工船及警戒艇

⑦ 陆上段施工现场应设置警戒线，施工路段应设置路卡、警示标语等。组织安排专门人员负责现场值班及巡视工作，施工现场应进行全程监控，确保工程施工安全有序。施工海域现场应配备巡逻警戒用船，施工船应显示规定信号，提醒来往船舶注意。

9.1.4　施工船只要求

① 敷设船只的载重量、容积、吃水深度等应满足海底光缆总重量、长度、弯曲半径、卷绕半径、退扭高度及作业水域等要求。

② 船只宜配有制动装置、张力控制、牵引力测量和长度测量等仪器，并配有通信设备。

③ 采用固定式储缆盘的船只应配备合适的退扭装置和布缆机，满足过缆时的退扭要求。

④ 船只应配备推进系统，锚泊定位困难区域宜配备动力定位（DP）系统。

⑤ 船只应具备与施工海域相应的抗风浪能力。

⑥ 船只应配有导航及定位设备，具备在给定误差内跟随路由的能力。

⑦ 缆盘、滑轮、转盘、牵引以及制动装备等，应满足海底光缆的最小弯曲半径、卷绕半径要求，且可将海底光缆施工时所受张力控制在设计规定的范围内。

⑧ 施工机械器具及测量仪器的数量应满足施工要求，并在检测有效期内。

⑨ 定位设备转盘机、挖沟机、水下机器人等专业设备及器材应进行测试。

⑩ 施工船到达施工现场之后，可首先安排在设计路由区域内进行试航，

应熟悉敷设船只、装备和施工区域内设计路由的各个关键点及潮流情况。

海底光缆施工船只如图 9-11 至图 9-13 所示。

图 9-11　海底光缆施工船只（一）

图 9-12　海底光缆施工船只（二）

图 9-13　海底光缆施工船只（三）

9.1.5　海底光缆运输及过缆要求

① 海底光缆运输可采取敷设船直接运输、一般船只运输、陆地运输等方式。

② 海上运输前，应调查气象、海况，及时掌握短期预报资料，选择合适的运输时间，避开大风大浪、暴雨等恶劣天气；船舶航行作业的气象、海况控制条件应根据船舶配置情况及性能、设备技术要求等确定。

③ 海底光缆的两个端头应可靠防水，防潮密封。

④ 海底光缆过缆前，应按照合同要求进行相关试验。

⑤ 海底光缆过缆时弯曲半径应满足设计要求。

⑥ 过缆过程中海底光缆牵引力、侧压力不应大于海底光缆生产厂家提供的最大允许值。

⑦ 采用固定式储缆盘时，退扭高度及方向应满足海底光缆生产厂家技术要求。

⑧ 缆盘底部应平坦无凸起，导缆口牵引设备等不应损伤海底光缆。

⑨ 海底光缆端头应留出至少可以制作一个终端的长度用于测试或接续。

海底光缆过缆如图 9-14 所示。

图 9-14　海底光缆过缆

9.2　海底光缆施工中的具体工艺

9.2.1　一般要求

① 施工作业前，应对施工作业区进行清理，并提供一定比例尺的工程施工专用海图、施工路由勘察资料，供施工船舶使用。

② 海底光缆施工时，应有专人瞭望值班，并及时与现场警戒艇联系。施工船应显示规定的信号灯，并悬挂施工旗。

③ 海底光缆施工前应检验施工船舶的制动装置、张力计量、长度测量、水深测量、导航与定位仪器、通信设备及附属设备是否符合要求，敷设船只、转盘、牵引机、张紧器等应调试完好。

④ 海底光缆敷设应符合下列规定：

a. 应按照批准的施工组织设计方案进行施工；

b. 应按规定的设计路由敷设；

c. 敷设时应定位、测量，及时纠正航向和校核敷设长度；

d. 敷设时应将海底光缆受到的张力控制在设计范围内；

e. 埋设深度应符合设计要求；

f. 布缆速度应根据施工海域的地质、流速、流向等确定；

g. 施工中应防止海底光缆过松打圈，不得发生交叉、重叠、弯折、扭结（见图9-15）、海底悬空等现象。

⑤海底光缆路由应满足海底光缆不易受机械性损伤、能实施可靠防护、检修作业方便、经济合理等要求，且符合下列规定：

图 9-15　海底光缆扭结

a. 海底光缆宜敷设在海体稳定、流速较缓、岸边不易被冲刷、海底无石山或沉船等障碍、少有沉锚和拖网渔船活动的海域；

b. 海底光缆不宜敷设在码头、渡口、水工构筑物附近，以及疏浚挖泥区和规划筑港地带。

9.2.2 海中段敷设工艺

① 采用张力法施工时，敷设过程中应保持一定的张力，避免海底光缆打扭；该张力应小于海底光缆的允许最大敷设张力。

② 敷设最大偏差距离不应超过设计要求。

③ 海域路由转角坐标位置应与设计位置相符，偏差距离不宜超过设计值。

④ 敷设船周围应配置工作艇、护航船等船只，对现场进行警戒。

⑤ 无动力船敷设海底光缆时，可采用移锚行进或拖轮绑靠敷设船方式，控制敷设船沿设计路由前进。

⑥ 有动力船敷设海底光缆时，敷设船宜具备动力定位系统，通过预测海底光缆的张力并进行补偿，控制海底光缆沿设计路由敷设。

⑦ 海底光缆敷设时，应采用张力器等监控设备进行实时全程监控、跟踪；光纤复合海底光缆宜采用监视设备实时监视光单元的衰减状况。

⑧ 海底光缆和海底管线交越处的海床应根据设计要求处理，并应采取措施避免交越处海底光缆或海底管线损伤。操作过程应进行监控，确认保护措施可靠、有效。

9.2.3 登陆段敷设工艺

登陆段敷设可采用登陆艇（或吃水浅的平底船）、浮托装置牵引以及多种方法结合的敷设方式。敷设应选择合适的潮汐、潮时进行登陆作业，缩短登陆段敷设的作业距离。

登陆段海底光缆可采用开挖电缆沟槽或穿管的方式。登录段电缆沟槽如图9-16所示。

图 9-16　登陆段电缆沟槽

9.2.4　陆上段敷设工艺

① 陆上段敷设可使用牵引设备将海底光缆牵引上岸，机械牵引海底光缆时可采用钢丝网套的牵引方式。海底光缆钢丝网套如图9-17所示。

② 陆上段敷设时，宜在长段海底光缆中间采用导向滑轮或转向装置等减少海底光缆的张力，消除海底光缆磨损。

③ 海底光缆陆上段敷设完毕后，应将海底光缆在岸边用可靠措施固定。

图 9-17　海底光缆钢丝网套

9.2.5 海底光缆保护工艺

海底光缆保护应根据海深、海床地质情况、海面船舶通行情况、风险程度、维修代价等综合考虑，采取保护措施，降低海底光缆受到损害的风险。

海底光缆保护宜优先采用掩埋保护的方式，掩埋保护应符合下列规定。

① 海底光缆保护应结合工程海域海底地质状况，选用水力冲埋、预挖沟、机械切割等掩埋保护方式；海底光缆掩埋深度应根据风险程度和海床地质条件综合确定。

② 海底光缆可采用边敷边埋、先敷后埋的掩埋保护工艺；边敷边埋时，埋设机应同时进行挖沟和埋设操作；先敷后埋可采取海底光缆敷设后再开沟掩埋的作业方式。

③ 海底光缆掩埋保护施工中，应通过仪器仪表监视埋设机水下工作状态和海底光缆的埋设状态，严格控制埋设深度满足设计要求。

混凝土压块（如图 9-18 所示）、抛石、石笼盖板等加盖保护方式可用于海底光缆埋设困难区域。加盖保护应符合下列规定。

图 9-18　混凝土压块

① 混凝土压块应适应海底的冲刷变形，紧贴海床底部。

② 抛石形成的石料堆积层应具备防御外力冲击破坏的强度。

③加盖保护施工不应对海底光缆造成损伤，并应具有良好的稳定性。

在海底礁石区或岩石登陆段，海底光缆可套保护套管防护，如图9-19所示。套管应能提高海底光缆抗破坏能力，减小磨损。套管应满足水下防腐要求，工程中可采用铸铁、玻璃钢、塑胶等材质。

图9-19　海底光缆保护套管

套管保护可与加盖保护结合使用，在海底底质的硬度不允许埋设时，可采用套管保护，同时应在连接好的套管周围采用混凝土压块或沙袋等加盖保护。

海底光缆登平台作业时，应防止海底光缆在水下保护管入口处打折或打扭，防止海底光缆在向上提升时受到损伤。

海底光缆登平台作业完成后，应做好海底光缆进出保护管处定位装置的安装固定，防止海底光缆在运行中长时间受力。

水线标志牌、警示装置宜于海底光缆敷设前设置完成，如图9-20所示，并应具备投运条件。

图9-20　警示装置

海底光缆施工完成后，应及时将实际敷设线路制成海图，向国家海洋、海事等主管部门申报。

9.3 海底光缆接头工艺

9.3.1 一般要求

① 海底光缆接头和终端制作应由具备相应资格的人员进行，并严格遵守制作工艺规程，所用材料应符合相关标准或技术协议要求。

② 海底光缆接头应采取铅封、灌胶等措施，满足水密性要求。

③ 光纤复合海底电缆中的光单元交接箱应满足防水、防潮、接地要求。

④ 应在规定制作环境下安装海底光缆接头和终端，必要时可设置专用的安装平台。

⑤ 海底光缆铠装层应采用锚固装置夹紧。锚固装置应符合防腐要求。

⑥ 海底光缆的接地应良好可靠，符合设计要求。

9.3.2 注意事项

海底光缆接头制作如图 9-21 所示，典型制作流程为：外铠钢丝压铠—绝缘与内铠钢丝去除—光纤熔接及保护—筒体密封—抗弯器安装。注意事项如下。

① 接续盒组装前，要对组装所需工具进行清点、整理。

② 在熔接前，应检查熔接设备配件是否齐全，电池电量是否满足需求，熔接机及配套工具是否能够正常操作等。

图 9-21　海底光缆接头制作

③ 要对组装结构件进行装配前的防护，避免因磕碰损伤而影响装配的进行。

④ 组装要严格按照工艺流程进行，避免返工影响进度。

⑤ 光纤熔接过程中，一定要各色谱光纤一一对应，避免熔接错误带来的影响。

⑥ 组装完成后，对组装现场进行清理，避免对环境的污染。

⑦ 接续盒集成过程中需要使用的个人防护用品包括护目镜、防护面罩、劳保手套、防割手套、劳保鞋等。

⑧ 整个集成过程中应一直穿戴劳保手套和劳保鞋。

⑨ 在光纤剥离、熔接、盘纤等操作的过程中，一定要小心谨慎，避免对光纤的损伤。

⑩ 非操作人员严禁操作压铠设备、磨光机、冲击钻等。

⑪ 在操作压铠设备、磨光机、冲击钻的过程中，必须佩戴防护面罩，无关人员远离操作现场。

9.4 其他相关事宜

9.4.1 环境保护要求

① 在海上施工过程中，塑料制品（包括但不限于合成缆绳、合成渔网和塑料袋等）和其他废弃物禁止丢弃，应集中储存在专门容器中，运回陆地处理。

② 施工和运输船舶应配备相应的污染物处理设施。

③ 工程船舶应遵守海上交通安全法律法规的规定，防止因碰撞、触礁、搁浅、火灾或者爆炸等引起事故，造成海洋环境的污染。

9.4.2 海底光缆路由保护范围

国家实行海底光缆保护区制度，政府海洋行政主管部门负责划定海底光缆保护区，并向社会公告。根据《海底电缆管道保护规定》，具体要求如下。

① 沿海宽阔海域海底光缆保护范围：海底通信光缆两侧各 500m。

② 海湾等狭窄海域海底光缆保护范围：海底通信光缆两侧各 100m。

③ 海港区内海底光缆保护范围：海底通信光缆两侧各 50m。

主要参考资料

GB/T 51167—2016 《海底光缆工程验收规范》

GB/T 51154—2015 《海底光缆工程设计规范》

GB/T 18480—2001 《海底光缆规范》

GB/T 51190—2016 《海底电力电缆输电工程设计规范》

GB/T 51191—2016 《海底电力电缆输电工程施工及验收规范》

DL/T 1278—2013 《海底电力电缆运行规程》

YD/T 2283—2020 《海底光缆》

Q/GDW 10758—2018 《电力系统通信光缆安装工艺规范》

江苏亨通海洋光网系统有限公司《海底光缆接续盒集成工艺》

中国移动浙江公司《中国移动浙江公司海缆维护规范》

第10章

MASS 施工工艺

金属自承式光缆（Metal Aerial Self-Supporting Optical Fiber Cable，MASS）主要由光单元管、光纤、金属加强件和护层等部分组成，采用金属加强件来提高光缆的抗拉强度和抗侧压能力，是一种适用于复杂地形的传输光缆。本章主要对 MASS 应用特点及其安装工艺要点进行介绍。

10.1　MASS 的特点

MASS 作为自承光缆应用时，主要考虑强度和弧垂以及与相邻导地线和对地的安全间距。它不必像 OPGW 要考虑短路电流和热容量，更不需要像 OPPC 要考虑绝缘、载流量和阻抗，也不需要像 ADSS 要考虑安装点电场强度，其铠装的作用仅是容纳和保护光纤。

MASS 与 ADSS 的对比分析如下。

① 在破断力相近的情况下，MASS 单位重量比 ADSS 大，但缆径比 ADSS 小；在缆径相近的情况下，ADSS 的破断力比 MASS 小，机械性能相对 ADSS 更好。

② 在力学设计上，MASS 与 ADSS 类似，同样需要进行档距 - 拉力 - 弧垂验算；但是在安装敷设时，MASS 是金属结构，通过良好的接地处理和选择弱电场安装点，可以解决电腐蚀问题。

③ MASS 的全金属结构可有效防止光缆鼠患。

④ MASS 外径只有 7 ~ 10mm，对杆塔的负荷影响较小，在特定的跨距和弧垂下有明显优势。

⑤ MASS 与相邻的地线有一致的弧垂变化和蠕变特性，可保证相对安全间距。

10.2 MASS 施工中的具体工艺

MASS 的架设方法与 OPGW 基本相同，具体施工工艺可参照 OPGW。二者不同点是 MASS 架设时应考虑 MASS 的挂点选择和逐塔接地等工艺，其特殊的施工工艺要点如下。

① 安装中 MASS 和所有的金属器械必须可靠接地，以避免电容和电感耦合造成对人员和设备的伤害。

② 光缆金具上的各种螺栓及销钉的穿向应与其他地线金具的螺栓穿向一致。

③ 在杆塔处 MASS 的挂点位置必须与设计图纸一致，应安装在导线的下面，距离导线的距离应满足相关规定所要求的最小安全距离。MASS 挂点选择如图 10-1 所示。

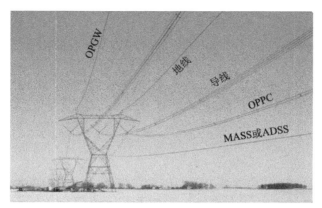

图 10-1　MASS 挂点选择示意图

④ MASS 与相线、地线之间不允许发生接触，以避免光缆支撑点出现打火花的危险。

⑤ 架设 MASS 全线的主塔都应进行逐塔接地，接续塔应至少两端接地，非接续塔应至少一端接地，如图 10-2 所示。接地时应使用匹配的专用接地线或截面积相同的 MASS 可靠接地。

图 10-2　MASS 主塔接地图

⑥ MASS 接续时，两端耐张塔处均必须留有足够长的余线，落地余线长度一般不小于 15m。

主要参考资料

T/CSEE 0119—2019 《电力架空光缆线路设计规范》

第11章

导引光缆施工工艺

本章对从站内构架引入通信机房的导引光缆部分进行介绍，内容包含导引光缆的室外敷设、余缆安装、引入机房、光纤配线架以及尾纤布放等工序的安装工艺要点。

11.1 变电站导引光缆敷设工艺

11.1.1 施工准备

1. 导引光缆材料要求

导引光缆应采用非金属防火阻燃光缆，如图 11-1 所示。

图 11-1 导引光缆实物图

2. 施工器具

导引光缆施工主要工器具为缆盘放线支架及牵引器材，如图 11-2 所示。

图 11-2　牵引工具（左）与缆盘放线支架（右）

11.1.2　光缆防护装置安装工艺

1. 引下钢管

① 引下钢管应安装在距离电缆沟最近的构架侧，下端口朝向电缆沟，引下钢管与构架杆塔上下平行安装，如图 11-3 所示。高度应距离地面 1200 ～ 1500mm，安装间距 300 ～ 400mm，引下钢管与抱箍间衬垫绝缘橡胶。

② 钢管的地埋段应采用放坡敷设，放坡坡度控制在 3‰ ～ 5‰，向电缆沟（或落地余缆箱）倾斜，下端口与电缆沟壁齐平。

③ 引下钢管与构架按规定距离固定时，若弯折处位于构架保护帽以内，敷设时宜预埋进保护帽。

④ 引下钢管封堵前应进行排水试验，确保预埋钢管内积水能及时排出。

⑤ 回填钢管地埋段的封土和石料，将施工作业区的施工遗留物、垃圾、杂物清理干净。

图 11-3　引下钢管敷设实物图

2. 耐火槽盒

① 耐火槽盒应与强电线缆分开（分层分侧），敷设位置应全线保持在沟道的同层同侧，不得任意交叉变换，并分段固定在沟道支撑架上，不得与电力电缆扭绞，图 11-4 为耐火槽盒布放示意图。

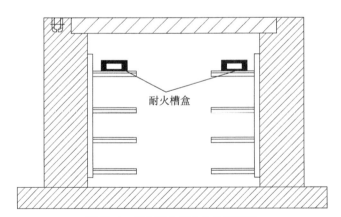

图 11-4　弱电耐火槽盒布放示意图

② 耐火槽盒在沟道内安装时，槽盒顶端距沟道内部最上端的距离不小于槽盒厚度加 100mm。

③ 可根据支架的宽度、光缆的数量及空间余量来选择合适的耐火槽盒尺寸。

④ 耐火槽盒根据使用要求和环境阻燃重要程度，应在电缆接头处、防火墙两侧、阻火段等部位分段、整段进行安装。

⑤ 在电缆接头处、防火墙两侧、阻火段等部位，分段敷设在耐火槽盒内的光缆应满足成束阻燃性能要求。

⑥ 耐火槽盒和防火隔板各部件表面或涂覆层应平整均匀，不应有裂纹、压坑及明显的凹凸、毛刺等缺陷。

⑦ 耐火槽盒和防火隔板的防火分隔面应保证分隔完整性，拼接式连接时，搭接重叠长度不宜小于150mm。若存在分隔缝隙，应采取防火封堵材料密封等有效防火措施。

⑧ 耐火槽盒性能应满足 GB 29415 的规定，非金属无机防火隔板性能应满足 GB 25970 的规定。

3. 保护子管敷设

① 无耐火槽盒的沟道内应预敷设保护子管，保护子管应与强电线缆分开（分层分侧），敷设位置应全线保持在沟道的同层同侧，不得任意交叉变换，并分段固定在沟道支撑架上，不得与电力电缆扭绞。单侧支架沟道内保护子管及双侧支架沟道内保护子管如图 11-5、图 11-6 所示。

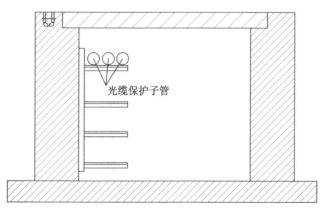

图 11-5　单侧支架沟道内保护子管示意图

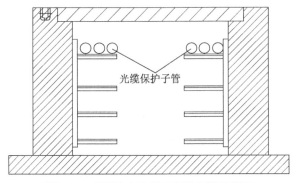

图 11-6 双侧支架沟道内保护子管示意图

② 光缆保护子管应采用耐高温、阻燃管材。光缆在穿保护子管时，根据光缆具体外径选择合适的保护子管尺寸，要求保护子管的孔径不低于光缆外径的 1.5 倍，且保护管直径不小于 35mm；每根保护子管中敷设一根光缆。

③ 不具备独立的通信光缆专用沟道条件时，应对通信光缆采取电缆沟内部分隔离措施，进行有效隔离，如在沟道内宜上下横向加装防护隔板，在竖井内宜左右纵向加装防护隔板等。

④ 保护子管在沟道内连续敷设长度不宜超过 200m，在沟道转角处确保保护子管有足够的弯曲半径。

⑤ 对已使用子管的子管孔进行封堵，对预留的子管进行临时封堵。

11.1.3 导引光缆敷设工艺

1. 耐火槽盒内光缆敷设

① 与电力电缆同通道敷设的通信光缆，应穿入阻燃管或耐火电缆槽盒。耐火槽盒内导引光缆宜采用人工方式敷设，沿途沟道转角处应有人看护，防止光缆弯曲半径过小导致损伤。

② 耐火槽盒在垂直安装过程中，线缆必须绑扎固定，光缆、信号线缆、电力线缆分类捆扎，避免干扰。捆扎距离不宜大于 1.5m。

③ 线缆敷设应单层敷设，保持水平，不得有交叉，拐弯处以光缆允许弯曲半径施工（沿槽盒外侧转弯）。

④ 槽盒内的线缆挂标志牌，电缆两端、拐弯处、交叉处必须挂吊牌。

2. 保护子管内光缆敷设

① 保护子管内导引光缆采用人工方式敷设，人工敷设的要点是在统一指挥牵引下尽量同步牵引，牵引一般为集中牵引与分散牵引相结合，即集中人力在前边拉牵引索，沿途沟道转角处有 1 ～ 2 人助力牵引。

② 导引光缆的缆盘用放线支架放置在靠近构架引下钢管的电缆沟道口。

③ 在预放的保护子管内穿放牵引索，现场制作光缆牵引端头，为防止在人工牵引过程中扭转损伤光缆，光缆牵引端头与牵引索之间应加装退扭器，光缆牵引端头体积要小，确保在保护子管内穿放顺畅。

④ 布放光缆时，光缆必须由缆盘上方放出并保持松弛的弧形，在引下钢管的上下出入口及每个转角拐弯处均应设专人监护，光缆布放过程中应无扭转，严禁打背扣、浪涌等现象发生。

⑤ 人工牵引敷设时，速度要均匀，一般控制在 10m/min 左右为宜。

⑥ 敷设一次布放长度宜为 500m；分几次牵引时应采用平放∞或叠放∞形方式，并分段牵引。一般在光缆沟旁牵引，由人工将光缆放入光缆沟中。

⑦ 光缆敷设的静态弯曲半径应不小于光缆外径的 15 倍，敷设过程中的动态弯曲半径应不小于光缆外径的 25 倍。布放光缆的牵引力不应超过光缆最大允许张力的 80%，瞬间最大牵引力不得超过光缆的最大允许张力。

11.1.4 余缆安装工艺

① 导引光缆的余缆应安装于余缆箱（架），机房侧余缆应留在电缆层、防静电地板下或沟道内，如图 11-7 所示。小动物活动频繁区域的导引光缆余

缆不应裸露在外，应固定在落地式余缆箱内或采取其他相应的防护措施。

图 11-7 电缆层余缆布放（左）与沟道内余缆布放（右）

② 余缆盘绕应整齐有序，不得交叉和扭曲受力，捆绑应采用不锈钢带，且应不少于 4 处捆扎。每条光缆盘留量不应小于光缆放至地面加 5m。余缆盘绕安装如图 11-8 所示。

图 11-8 余缆盘绕安装

③ 进站光缆、导引光缆在余缆箱（架）内的弯曲半径应不小于 40 倍的

光缆直径。

④ OPGW 与导引光缆应分开盘绕，不可交叉，并固定牢固。

⑤ OPGW 从构架引入余缆箱时在引入钢管前部应接地。

⑥ 在余缆箱内，接续盒处的接地与交接箱内接地要牢靠、美观，如图 11-9 所示。

图 11-9　交接箱内接地图

⑦ 余缆箱内应妥善封堵，如图 11-10 所示。

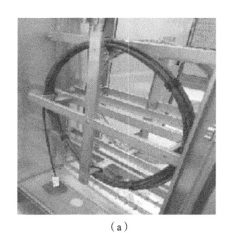
（a）

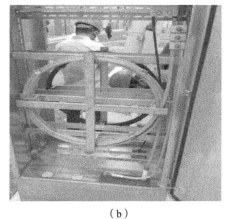
（b）

图 11-10　余缆箱内封堵

⑧ 导引光缆敷设完成后，在引下钢管的上下端口、沟道防火墙、进入户内穿管敷设的管道两端应做好封堵密封，如图 11-11 至图 11-13 所示。光缆保护子管端口进行密封防潮处理。

图 11-11　站内防火封堵

图 11-12　引下钢管封堵　　图 11-13　户内封堵密封

11.1.5　标识标牌要求

变电站构架标牌须采用铝合金材料。牌面尺寸如下：外矩形框 320mm×200mm×1mm，内矩形框 280mm×160mm，白底红字，内框线红色。四边打孔，孔大 3mm×14mm，孔到边距离 1cm，配滚珠扎带。变电站构架标牌示例如图 11-14 所示。

变电站光缆余缆箱上标牌须采用铝合金材料。牌面尺寸如下：外矩形框 400mm×120mm×1mm，内矩形框 370mm×90mm，白底红字，内框线红色。采用背面带 3M 双面胶固定，示例如图 11-15 所示。

图 11-14　变电站构架标牌　　　　图 11-15　光缆余缆箱标牌

变电站内导引光缆路径警示标识一般在构架引下至电缆沟段的两端，直线距离每 20m 处及沟道转弯处埋设，可采用警示桩或警示牌，如图 11-16 所示。

图 11-16　OPGW 引入缆路径警示标识

11.2　户内导引光缆敷设工艺

① 导引光缆进入户内电缆层桥架和站内机房线槽时，应敷设在弱电线槽（桥架）侧，并与原有线缆走向排列一致，再进行绑扎固定，绑扎后的线缆应互相紧密靠拢，外观平直整齐，绑扎时应使用同色扎带，且绑扎的方向和样式一致，线扣间距均匀，松紧适度。光缆入户进线段典型安装设计如图11-17所示。

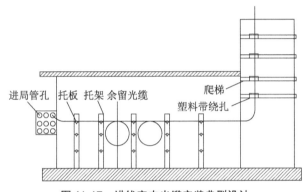

进局管孔　托板　托架　余留光缆　爬梯　塑料带绕扎

图 11-17　进线室内光缆安装典型设计

② 在装有专用弱电线槽的竖井通道布放时，光缆应敷设在专用弱电线槽内，并应与二次线缆走向排列一致。光缆绑扎后的线缆应互相紧密靠拢，外观平直整齐。绑扎时应使用同色扎带，且绑扎的方向和样式一致，线扣间距均匀，松紧适度，线档之外严禁有光缆存留。典型工艺如图11-18所示。

③ 在无专用弱电线槽的竖井通道布放时，光缆应与动力电线分侧布放，敷设在竖井支架上或爬梯的侧面，并应与原有线缆走向排列一致，同时应在竖井内采取有效隔离措施。光缆与支架绑扎固定，线缆应平直整齐，不得与电力电缆互相扭绞，严禁在竖井爬梯正面敷设安装。典型工艺如图11-19所示。

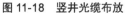
图 11-18　竖井光缆布放　　　　图 11-19　无弱电槽竖井典型施工工艺

④ 在无专用弱电线槽且无金属桥架、支架或爬梯的竖井通道布放时，应在竖井通道内安装∩形支架捆扎光缆，严禁光缆在竖井内自由悬垂。

⑤ 竖井光缆在进线室（电缆层）和竖井内的安装固定应采取分散固定方式，必要时采用衬垫胶皮进行捆扎固定。

⑥ 光缆在竖井通道内不宜接头，光缆可适当预留 15 ～ 20m 余缆，余缆应设置在进线室（电缆层）内，不应设置在竖井通道内。

⑦ 竖井通道、槽盒出口应妥善封堵，如图 11-20 所示。

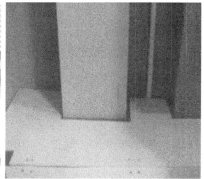

图 11-20　竖井封堵工艺

11.3 光纤配线架（ODF）安装工艺

① 光缆引入机柜前采用下走线方式的，光配子架宜从下至上依次安装，使用浮动螺母和螺丝对光配子架进行固定。

② 机柜和柜内接地汇流排应分别使用不小于 $35mm^2$ 的多股铜线与机房环形接地母线相连。光配子架使用不小于 $6mm^2$ 的多股铜线与柜内接地汇流排相连。接地线在保持美观的同时应尽可能短。

③ 每两个光纤配线单元宜配置一个盘纤单元。

④ 光纤熔接后应预留足够长度以便检修。

⑤ 熔接纤芯必须按照色谱顺序与盘内熔接尾纤对应熔接，熔接后将纤芯以环形整齐盘放。纤芯曲率半径应大于 40mm，不得盘留小圈，不得使用胶带固定纤芯。

11.4 尾纤／尾缆布放及绑扎工艺

11.4.1 尾纤/尾缆布放工艺

① 通信设备与其他二次设备合用机房时，线缆敷设应遵照从上到下、由强电到弱电的排列顺序。通信设备区电缆沟内的电缆桥架，上层用于电力电缆的敷设，中层用于同轴电缆、音频电缆等线缆的敷设，下层用于光缆及尾纤的敷设。

② 柜内线缆布放时，尾纤、中继电缆等弱电线缆宜敷设在机柜的一侧走线区，电源电缆和较粗的电缆敷设在机柜对侧走线区，柜内空间无法满足左右两侧出线的要求时，宜前后区分走线区。敷设在垂直走线区的线缆均应在垂直方向。

③ 尾纤 / 尾缆的弯曲半径应至少为外径的 10 倍（不可折成直角），在施工过程中至少为 20 倍。

④ 机房内尾纤应穿保护子管，一般用保护尾纤专用的波纹管。尾缆可不穿管直接布放。

⑤ 尾纤穿子管进柜时，子管应伸出机柜底部 100mm 后截断，截面应光滑平整，断口处应填充防火堵料妥善封堵，如图 11-21 所示。

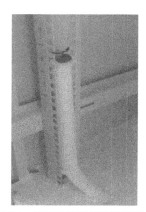

图 11-21　下引尾纤波纹管保护及封堵

⑥ 应按线缆类别每隔 200mm 绑扎一次，每隔 300 ～ 600mm 固定一次，绑扎时不得过紧，扎带多余部分齐根平滑剪齐，不得留有尖刺。线缆绑扎如图 11-22 所示。

图 11-22　线缆绑扎

⑦ 尾纤 / 尾缆应沿屏内一侧垂直走线区引下单独捆扎，每隔 200mm 绑扎一次，每隔 300mm 固定一次，弯曲处增加一次绑扎和固定，绑扎后的线缆应互相紧密靠拢，外观平直整齐。

11.4.2　尾纤/尾缆对接工艺

① 尾纤/尾缆接入时布放应美观顺直，弯曲弧度应一致。在子盘内尾纤的绑扎应使用魔术贴扎带，尾纤/尾缆与法兰对接后应粘贴标签，如图 11-23 所示。

图 11-23　尾纤绑扎与粘贴标签

② 尾纤头部应保持清洁，备用尾纤应加盖防尘帽。

③ 多余尾纤/尾缆应盘留在盘纤单元内，可采用环形或 8 字盘绕方法，盘绕应松紧适度，不得过紧，也不应因过松而出现明显的弧垂，应如图 11-24 所示。

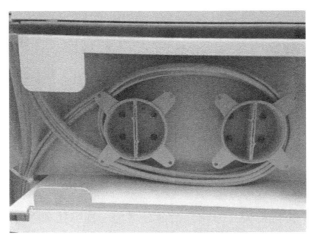

图 11-24　尾纤盘绕

主要参考资料

《国家电网有限公司十八项电网重大反事故措施（修订版）》

Q/GDW 10758—2018 《电力系统通信光缆安装工艺规范》

DLT 5344—2018 《电力光纤通信工程验收规范》

Q/GDW12167—2021 《沟（管）道光缆工程典型设计规范》

GB 50217—2018 《电力工程电缆设计标准》

第12章

光缆接续施工工艺

　　光缆接续是通信光缆建设中的一项重要内容，是光缆施工和运维人员必须掌握的基本技术，其接续质量对整个光缆线路工程具有绝对性的意义。本章介绍光缆接续施工工艺，主要包含光缆的开剥、组件连接及接续工艺规范，以及新型智能增强型 OPGW 接续盒等内容。

12.1　光缆接续器具

1. 光纤熔接机

　　光纤熔接机是熔接光纤的核心工具，如图 12-1 所示。其工作原理是利用高压电弧将两个光纤断面熔化的同时，用高精度运动机构平缓推进，让两根光纤熔接成一根。

2. 光纤剥线钳

　　光纤剥线钳是用于剥去光纤表面涂覆层和着色层的工具，如图 12-2 所示。其通常具有不同孔位的剥除深度，能够适应不同类型的光纤。

图 12-1 光纤熔接机

图 12-2 光纤剥线钳

3.光纤切割刀

光纤熔接前应使用光纤切割刀（如图 12-3 所示）进行光纤端面制作，确保切割端面平整以完成放电熔接。

图 12-3 光纤切割刀

12.2 普通光缆接续工艺

12.2.1 准备工作

光缆接续前应先检查接续所需要的工具材料是否齐全，把所需要接续的两段光缆预放到位，同时检查光缆是否在敷设时有损伤。

12.2.2　光缆开剥

① 去除光缆前端牵引时直接受力的部位。

② 确定开剥的光缆外护层的长度并做好标记（如图 12-4 所示），并采用滚刀等专业工具切除光缆外护层。

③ 辨认并切除内层光缆填充管，保留光纤套管并及时清理光纤套管上的油膏。

④ 用专业工具切除光纤套管并及时清理光纤上的油膏（如图 12-5 所示），在去除光纤套管的过程中应避免损伤光纤。

⑤ 用束管刀夹紧切断松套管并拔出，但不能损伤里面的纤芯，用脱脂纱布擦洗净光纤上的油膏，用扎带将光纤松套管固定在收纤盘上。为了科学、合理地收容余留光纤，应使光纤接头热缩管能恰到好处地被放置在热缩管固定槽中，防止盘纤带来附加损耗，将去除松套管的光纤在收容盘中预盘，剪去多余光纤。

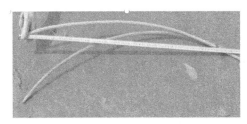 

图 12-4　确定开剥长度　　　　　　　图 12-5　清理油膏

12.2.3　光缆固定

光缆固定包括加强芯和光缆的固定。为防止光纤松套管受损，已开剥的光缆口用绝缘胶带缠绕几圈，然后将加强芯和光缆固定在接续盒钢质或塑料支架上，加强芯可适度折弯，以提高光缆在接头处的抗拉力及光缆的转动灵活性，如图 12-6 所示。

图 12-6　光缆固定

12.2.4　熔接方式

打开熔接机电源，选择合适的熔接方式。每次使用熔接机前，应使熔接机在熔接环境中放置至少 15min。根据光纤类型设置熔接参数、预放电时间及主放电时间。一般选择自动熔接程序。在使用中和使用后要及时去除熔接机中的粉尘和光纤碎末。

12.2.5　除去涂覆层

用光纤剥线钳垂直钳住光纤，快速剥除 20 ～ 30mm 长的一次涂覆层和二次涂覆层，用酒精棉球或镜头纸将纤芯擦拭干净。剥除涂覆层时应避免损伤光纤。

12.2.6　制作光纤端面

制备光纤端面应平整，无毛刺，无缺损，与轴线垂直，呈现一个光滑平整的镜面区，并保持清洁；裸纤的切割，首先清洁切刀和调整切刀位置，切刀的摆放要平稳，切割动作要自然平稳。避免断纤、斜角、毛刺及裂痕等不良端面产生。

12.2.7 放置光纤

将光纤放在光纤熔接机的 V 形槽中，小心压上光纤压板和光纤夹具，要根据光纤切割长度设置光纤在压板中的位置，关上防风罩，按熔接键就可以自动完成熔接，在光纤熔接机显示屏上会显示估算的损耗值。

12.2.8 光纤接头的增强保护

光纤熔接后应对接头部位进行增强保护。将预先套进光纤的热缩管轻滑

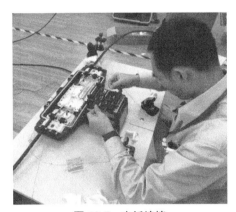

图 12-7　光纤熔接

到熔接部位，熔接点处于热缩管的中间，然后置于加热器内。将左边的加热器夹具压下，确保热缩管处于加热器的中部，且热缩管中的加强芯应该朝下，用右手拉紧光纤，右边加热器夹具压下，关闭加热器盖子，按加热键。加热完成后，机器发出嘟嘟声，此时可以从加热器中移出光纤。光纤熔接如图 12-7 所示。

12.2.9 盘纤及接续盒封装

① 光缆进入接续盒应牢固稳定，加强件牢固固定，避免光缆扭转。光纤套管（或光单元管）进入余纤盘应固定牢靠。

② 光纤接头应按色谱顺序安装在卡槽内，接续盒内余纤盘绕应正确有序，且每圈大小基本一致，弯曲半径不小于 40mm；余纤盘绕后宜加缓冲衬垫，以防跳纤扭绞挤压造成断纤。接续盒盘纤如图 12-8 所示。

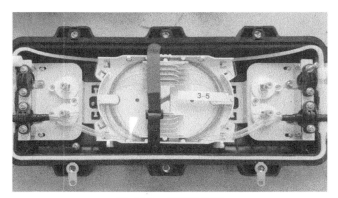

图 12-8　接续盒盘纤

③ 光缆接续完成后进行接续盒的封装，在盒体封装前将密封条嵌入盒体四周的密封槽内，并用密封胶封堵光缆出入孔，再将接续盒上盖合上，安装盒体紧固件并旋紧紧固螺栓，使接续盒上下紧密闭合。接续盒封装应密封良好，做好防水、防潮措施。

12.3　OPGW 接续工艺

12.3.1　接续准备

① 光缆展放完毕后，其落地后余长不少于 35m（铁塔顶端横担光缆走线距离含在 35m 中），且两根光缆长度应保持一致。

② 光缆引下完成后，地面应预留 8 ～ 10m 的余缆。

③ 拆装光缆绞线时应用扎线临时固定，防止端口松散。

④ 开断光缆外层绞线时，须避免损伤或切断不锈钢管。

⑤ 按照接续盒安装说明书紧固入盒光缆夹板，保证夹板受力均匀，防止光缆转动或松脱。

⑥ 使用专用切割刀切割不锈钢管，开剥长度一般以 1.5m 左右为宜。

⑦ 不锈钢管应分段切割去除。不锈钢管应沿着光缆轴线方向去除，防止损伤光纤。光纤从不锈钢管中抽出后应放置在工作平台上，防止污染和损伤。

⑧ 清除光纤上面的防潮油膏和污渍。在钢管切口处应采取措施对光纤加以保护。

⑨ 对光纤进行操作时，光纤弯曲半径不得小于30mm。

⑩ 光纤接续前应对光纤在容纤盘内进行试盘绕，长度不少于2.5圈，并保证容纤盘内光纤的美观整齐。

12.3.2 光纤的接续

① 光纤的接续应采用高压放电热熔法进行熔接。

② 光纤的接续操作宜选择晴朗、干燥的天气进行，环境条件不满足接续操作条件时应采取防尘、防潮、防震等措施（帐篷或工程车）。五级及以上大风、雷雨等恶劣天气严禁作业。

③ 光纤分色分组完毕后，应选择其中一组，逐根套上热缩管，按光纤规定色谱顺序进行熔接。

④ 待接续的光纤应用专用剥纤工具剥除光纤涂敷层，用无水酒精及棉球清洁后，再用光纤切割刀制备光纤端面。切割长度为距涂覆层约12mm处。

⑤ 制备完毕的光纤端面不能碰触任何物体，防止污染。操作过程中直接连通的同批光缆光纤接续色谱应对应无误（T接点和构架接头部分按色标顺序接续并做好记录）。

⑥ 每根光纤熔接完毕后，必须使用光时域反射仪在远端监测接头损耗，并做好记录。

⑦ 光纤接续完成后，须采用补强热缩套管进行保护。纤芯接头在热缩套

管内应顺直，中央放置，热缩均匀且中间不得有气泡，否则应重新进行接续和热缩。热缩套管冷却后，才能从加热器中取出。热缩管正确与错误放置如图 12-9 所示。

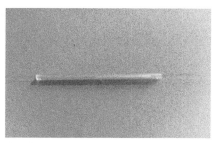

图 12-9　热缩套管正确放置（左）与错误放置（右）对比

12.3.3　余纤盘放

一组光纤熔接完毕后，把热缩管固定在容纤盘内，固定热缩管时应按光纤色谱顺序排列，并涂上中性密封防水胶，然后进行余纤盘绕。

余纤盘绕应整齐美观，确认所有光纤都放置在容纤盘内部并呈自然弯曲状态，如图 12-10 所示。熔纤盘内接续光纤单端盘留量不少于 500mm，弯曲半径不小于 30mm。

图 12-10　余纤盘绕示范

接续盒内所有纤芯盘放、固定完毕后，将施工责任卡放入接续盒内进行拍照存档。

12.3.4 光纤接续监测

① 施工单位应根据施工现场光缆展放进度，确定光缆接续监测点。

② 在对接头熔接损耗进行监测时，可采用光时域反射仪进行单向测试。

③ 被测试光缆与测试尾纤宜采用熔接方式连接。

④ 用光时域反射仪监测各接续点的接续损耗，光纤接头单点损耗值应小于 0.05dB。

12.3.5 接续盒密封与安装

① 接续盒封装前应清洁封装面，并涂上密封防水胶。

② 接续盒密封好后，应固定在铁塔主材内侧，与主材平行，安装高度为距地面 6m 以上，确保牢固、美观。

③ 光缆的余缆架安装在塔身内侧，位于光缆接续盒下方 1.5～3m 处为宜。余缆架至接续盒的光缆应固定良好。

④ 余缆盘绕应整齐有序，不得交叉和扭曲受力。盘绕后应用铝线捆绑，捆绑点至少 4 处，确保稳固美观。

接续盒与余缆架安装示范如图 12-11 所示。

图 12-11　接续盒及余缆架安装示范

12.4 智能增强型 OPGW 接续盒

OPGW 接续盒在长时间应用中普遍暴露出密封性能差、固定不牢固等问题，因接续盒进水（结冰）、脱落等问题导致通信光路中断的事件时常发生，基于以上问题，浙江电力自主设计研发智能增强型 OPGW 接续盒，如图12-12 所示。其采用更合理的设计结构与材料选型，从根本上提升了接续盒的稳定性，并创新性地增加了监测模块，具备以下主要特点。

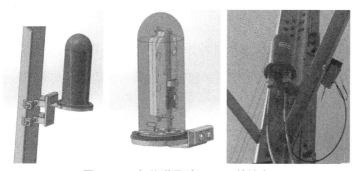

图 12-12　智能增强型 OPGW 接续盒

1. 密封结构

接续盒底座与盒盖之间、光缆连接件部位采用双重密封结构，包括轴向O 型密封和径向平垫密封的结构，极大地提高了接续盒整体的密封性；光单元及复合缆进缆处采用锥形密封设计，拧紧螺帽后通过挤压橡胶锥使其产生对光单元的挤压力，大大提高了光单元和复合缆进缆处的密封性能。密封性能满足如下试验要求：接续盒内充入 202kPa 气压的干燥空气，待气压稳定后将接续盒完全浸没在水下 10cm 深处，持续 15min，观察无气泡出现。

2. 容纤盘设计

合理设计容纤盘结构，在满足大芯数 72 芯的要求下，增大余纤的容纳空间，保证弯曲半径不小于光缆外径的 15 倍；纵向卡槽设计，盘纤结构更合理，热缩套管的保护更稳固；采用透明压盖结合卡扣式固定条的方式，加强对余纤的保护，并且安装简易。

3. 安装固定结构

接续盒盒盖与底座之间的固定方式由传统的钢带固定改为三点螺栓连接固定，受力均匀，连接稳定可靠，操作方便；创新设计接续盒与铁塔之间的固定结构，优化设计安装附件，采用螺栓夹紧结构，能适用于通用的塔材，安装简易、牢固。

4. 传感监测

接续盒内置光纤光栅温湿度传感器和倾角传感器，应用一根光纤进行串联，接入监测系统，可对接续盒的温湿度、倾角参数提供实时监测预警。

主要参考资料

Q/GDW 10758—2018《电力系统通信光缆安装工艺规范》

Q/GDW 11948—2018《分段绝缘光纤复合架空地线（OPGW）线路工程技术规范》

Q/GDW 12392—2023《光纤复合架空地线接续盒》

《电网通信典型安装工艺图册》，中国电力出版社

第三部分

电力通信光缆典型案例

第13章

OPGW 典型案例

OPGW 的运行状况通常与光缆结构、外部环境、力学条件等密切相关。本章主要介绍 OPGW 因气候条件、电磁环境、地形断面、光缆结构、受力情况等方面的因素而发生的典型故障,对各类故障进行了全面分析,并提出改进建议。

13.1 OPGW 施工中落地受外力损伤

1. 故障现象及原因分析

某线路工程光缆架设后对光纤性能测试时发现某点波形出现异常。经故障定位排查,发现该点光缆表面有变形的痕迹,如图 13-1 所示。将光缆开断后剥开外层单线,内层不锈钢管光纤单元受挤压变形,如图 13-2 所示。

 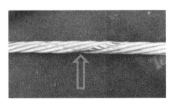

图 13-1 光缆外层单丝被外力砸伤后变形　图 13-2 内层不锈钢管光纤单元受挤压变形

经查，故障原因为，该光缆改造工程施工中将旧光缆松线置于地面开断后，一端回抽至耐张塔，过程中光缆本体长时间落地，被当地耕作拖拉机压伤，导致光缆外层单丝受力后挤压内层不锈钢管光纤单元，钢管受挤压后产生不可恢复的变形压迫使光纤受力损伤，光纤传输特性异常。

2. 防范措施

OPGW 在安装架设中，原则上不允许落地，即使旧光缆开断回抽也必须采取措施使得光缆凌空，不被地面物体所擦伤、碰伤或砸伤。同时在光缆靠近地面段应安排专人看护，防止外来人员车辆进入施工场地。光缆开断后应尽快进行升空牵引，保证光缆距离障碍物至少有 3～5m 的安全距离，避免光缆因外力碰撞受损。

13.2　OPGW 在施工中滑轮跳槽损伤光缆

1. 故障现象及原因分析

某线路工程进行光缆性能测试时发现中断点，经故障定位勘察，发现光缆故障点有刮伤痕迹。事故原因为施工架设光缆时，施工工艺不当导致光缆在滑轮中发生跳槽，使光缆表面严重受损，光纤单元被挤压变形开裂导致光纤断纤，如图 13-3、图 13-4 所示。

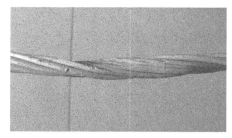
图 13-3　跳槽后光缆表面严重受损

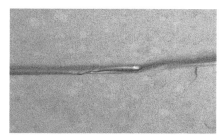
图 13-4　光纤单元钢管已被挤压开裂

2. 防范措施

① 光缆施工使用的滑车支架边缘应光滑，有胶体保护，并且滑车间隙不超过 10mm，避免光缆表面受损和出现光缆跳槽卡阻现象。滑轮应适当地加以润滑以保持良好的工作状态，使 OPGW 在不受挤压的情况下平滑地牵引，以减少对 OPGW 外绞线的磨损，并确保缓冲层无破损、老化剥落。

② 光缆展放时，每个转角杆塔顶部和交叉跨越点均必须有专人看管，光缆牵引端头应在施工人员的监视下缓慢通过滑轮。施工中，张力机操作人员应时刻注意张力控制情况，在牵引过程中，如出现牵引力突然大幅度增加，悬挂放线滑车的金具串倾斜过大时，应视为异常，应及时停车，待查明原因和排除故障后再进行牵引。

13.3 OPGW 在施工中"打金钩"损伤光缆

1. 故障现象及原因分析

某线路工程光缆展放后进行光缆性能测试时发现有 5 芯中断。经现场查看发现，因该线路处于山区，路径状况比较复杂，光缆在高落差或大转角的情况下过滑轮时，外层单线受滑轮接触力的作用，在光缆外层产生与光缆外层绞向相反的退扭力，退扭力随着光缆向前展放而不断向末端方向进行累积，当光缆展放完毕后退扭力在光缆末端得到释放；而已展放光缆内层被加扭后将产生反弹力并且始终存在，易导致光缆紧线完成拉力撤除后出现打金钩情况，扭伤光缆。加之所采用的单层中心管结构 OPGW 扭力比较大，光缆在展放时被严重弯折，将折伤不锈钢管光纤单元而夹断光纤，如图 13-5、图 13-6 所示。

图 13-5　光缆打金钩

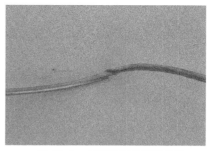

图 13-6　光纤单元钢管被折伤

2. 防范措施

① OPGW 自身结构特性决定扭力较大，在施工架设中很容易打弯折扭伤，将光纤单元折伤压扁而引起光缆断纤。在施工架设和紧线安装金具过程中，光缆应保持适度的张力，避免弯折损伤。

② 以下 7 种情况要求必须使用双滑车：直线转角塔位；离牵张机最近的基杆塔位；包络角大于 30°的杆塔位；大跨度的直线跨越塔位；有重要交叉跨越的杆塔位；高落差的杆塔位；直通耐张塔位。

③ 如线路的转角和高差比较大，应使用不小于 Φ800mm 的滑轮或者 Φ600mm 的组合滑轮，并且应使用轻质滑轮，如尼龙滑轮等。光缆紧线时要随时注意观察光缆扭力情况，如有异常应及时采取必要的退扭措施。

13.4　耐张金具安装不规范导致断芯

1. 故障现象及原因分析

某 220kV 线路上的 OPGW 出现多芯中断，经故障定位和现场勘察，发现某塔耐张挂点处出现光缆弯折的现象，故障原因为施工时金具未规范安装，耐张塔处未配齐长拉杆，导致两套耐张金具之间距离太短，使光缆过度弯折并出现断纤故障。

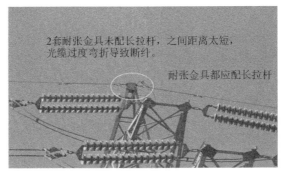

图 13-7　光缆耐张挂点缺少长拉杆

图 13-8　光缆耐张挂点处正确配置了长拉杆

2. 防范措施

OPGW 在安装金具之前，必须对运到现场金具连接器材的规格、程式、数量进行核对、清点、外观检查，并与光缆施工设计图对照，参照安装说明进行规范安装，不可缺件少件、以小代大等。

13.5　光缆与铁塔碰撞摩擦引起断纤

1. 故障现象及原因分析

某光缆正常运行 3 年后出现 5 芯中断的事故。经过登塔检查发现，断纤点处于直通型耐张跳线弧垂内，光缆在直通型耐张塔跳线弧垂处未安装引下线夹，光缆在风力作用下与塔身发生碰撞摩擦，最终导致外层铝合金单丝磨断并散股，失去外层单丝保护的不锈钢管光纤单元被磨破而引起断纤，如图13-9、图13-10所示。

图13-9　两根引下光缆接触引起断股　　　图13-10　光纤单元钢管磨破导致断纤

2. 防范措施

施工完成验收时应严格执行验收规范要求，编制验收作业指导书，把好验收关口。按照DL/T 5344—2018《电力光纤通信工程验收规范》，直通型耐张杆塔跳线在地线支架下方通过时，弧垂为300～500mm；从地线支架上方通过时，弧垂为150～200mm。光缆跳线弧垂在满足最小弯曲半径要求的情况下，还应注意在风偏时不得与金具及塔材相碰。跳线弧垂与塔材相接触处，应使用引下线夹进行固定。另外，应加强光缆巡视，确保及时发现光缆隐患。

13.6　引下不规范导致纤芯熔损

1. 故障现象及原因分析

我国超高压变电站内曾经多次发生OPGW放电断股的故障，严重影响输电系统的通信安全和正常运行。某站内光缆引下线位置出现纤芯中断事故，经现场勘查发现，该光缆进入变电站后在门型构架引下时，A 点未接地，如图 13-11 所示。同时光缆与门型构架钢板平台边缘之间未充分接触，留有很小的间隙。在系统发生单相接地短路的瞬间，OPGW 上面的感应电流与钢板平台发生间隙放电而导致光纤熔损，如图 13-12 所示。

图 13-11　光缆构架顶端未安装接地线

图 13-12　光缆在构架钢板平台被烧断

2. 防范措施

① 为防止雷击和电力系统发生短路事故时，OPGW 被感应电压、接地电流击穿、熔损而中断，OPGW 进站可选用下列几种方法之一：OPGW 在门架顶端、接续盒上端及余缆下端应确保三点接地；线路终端塔与门架间采用地埋（管道）导引光缆；220kV 及以下输电线路，在线路终端塔与门架间采用ADSS。

② 引下光缆与站内构架间应采用固定卡具加绝缘橡胶进行绝缘；站内构架 OPGW 引下构架联结法兰等突出处，应加装固定卡具，防止 OPGW 与杆塔发生摩擦；引下线要自然顺畅地自上而下安装，每隔 1.5 ～ 2.0m 安装引下线夹，两固定线夹之间的缆线应拉紧，不得使光缆与塔材相摩擦，不得发生风吹摆动现象（如图 13-13 所示）。

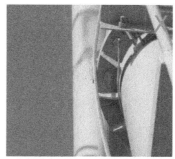

图 13-13　站内构架 OPGW 引下顺直且法兰横担凸出部位光缆不能虚接触

13.7　光缆遭受雷击断股

1. 故障现象及原因分析

某条 500kV 线路巡视中，发现该线路 38#—39# 档距中，距离 39# 塔 120m 处 OPGW 光缆断 2 股，断股铝合金垂直挂下长度约 40 ~ 50cm。

分析 OPGW 光缆的参数，其钢芯截面为 63.2mm²，铝股截面为 94.8mm²，总计截面为 158mm²，其计算拉断力远大于架空送电线路使用的（150/35）钢芯铝绞线。该缺陷为 OPGW 光缆外表面铝合金断 2 股，其断股损伤截面占铝股总面积的 11.1%。根据 DL/T 741—2019《架空输电线路运行规程》，断股损伤截面占铝股或合金股总面积的 7% ~ 25%，用补修管或补修预绞丝进行修补。

对不同结构、不同直径（外径）、外层不同金属单线直径、外层不同金属单线材料（铝合金线或铝包钢线）、不同制造商生产的 OPGW 进行型式试验，有如下结论：缆径越大，则抗雷击性能越好；同样的缆径，外层单线越粗，则抗雷击性能越好；同样的缆径，外层单线用铝包钢线比用铝合金线抗雷击性能好；光单元管越靠近外层，则抗雷击性能越差；光单元管内有隔热措施的比没有隔热措施的抗雷击性能要好；雷击强度越大，则对 OPGW 的损伤越严重；OPGW 受雷击的影响与另一根地线的设计和施工有关。

2.防范措施

① 光缆发生雷击断股后，一般通信未受影响，但是断股后散开的单线下垂后，容易引起线路跳闸等事故，必须及时进行修补，如图 13-14、图 13-15 所示。采用预绞丝修补条是目前修复 OPGW 断股事故的一个非常简便快速的方法。采用预绞丝修补条，相当于在 OPGW 的外层再绞合了一层线，在其四周施加均匀的环箍压力，不会对内部光纤和钢管产生局部应力，因此非常适合 OPGW 断股强度修复，如图 13-16、图 13-17 所示。

图 13-14　光缆遭受雷击后断股　　图 13-15　雷击导致光缆外层铝绞丝断点

② 对于光缆耐雷击问题，可以在两个方面采取措施：在光缆结构选型方面，采用全铝包钢光缆结构，增大光缆外层单丝直径，铝包钢线不小于 3mm；在系统方面，将另一侧地线采用良导线地线，比如铝包钢绞线等，提升整个线路的耐雷击能力。

图 13-16　OPGW 修补过程

图 13-17　OPGW 修补完成后

③ 建立 OPGW 的运行维护规程和设备档案，由线路运行部门对 OPGW 进行巡视，及时发现被雷击损伤的地线，以便尽早合理安排故障处置计划。

13.8　中心铝管式 OPGW 在恶劣环境运行中纤芯受损

1. 故障现象及原因分析

某跨省 500kV 输电线路 OPGW 多个接续盒存在部分纤芯衰耗过大和断芯故障。打开接续盒发现，光纤余长堆积到接续盒内，导致光纤的弯曲半径过小，甚至造成断芯，如图 13-18 所示。故障接续盒处于高山峻岭，且为易覆冰区域，线路相邻档距和落差相差较大，如图 13-19 所示。故障段光缆为中心铝管式 24 芯 OPGW 光缆，如图 13-20 所示。光缆在制造时都留有一定的光纤余长，在气温升高或覆冰时，光缆伸长，光纤便向内侧移动，在移动范围内光纤无应变，正常情况下光缆的伸缩是可逆的；但在冰灾等恶劣外部环境下，加之光缆档距大、高差大，将造成光缆伸缩不可逆，中心铝管伸长量远远超过铝管内的光纤余长，光纤受到应力，导致接续盒内纤芯受损。

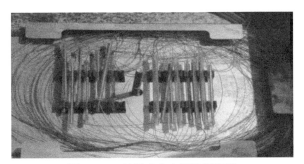

图 13-18　接续盒内光纤堆积弯折

图 13-19　大档距

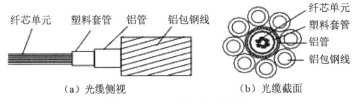

（a）光缆侧视　　　　　　　（b）光缆截面

图 13-20　中心管式光缆结构

2. 防范措施

针对此类典型故障，可采取增加杆塔、减小档距的方法降低故障发生率。考虑到中心铝管式结构 OPGW 结构紧凑性一般，抗侧压性能不及层绞式不锈钢管结构光缆，建议在易覆冰、档距大、杆塔高差大的线路上采用抗超负荷等性能参数指标更佳的松套结构不锈钢管层绞式 OPGW 光缆。同时应开展光缆线路状态评价，对异常状态和问题严重状态的光缆线路应及时检修。大跨越、高落差光缆线路应定期对光纤的应力使用布里渊光时域反射计

（BOTDR）进行测试与分析，结合线路检修，打开接续盒检查。重要光缆的备用纤芯应定期进行测试，测试记录应包括空余纤芯长度、全程衰减和熔接点及插损等指标项目，并与原始测试记录进行比对分析，发现问题及时整改。

13.9　OPGW 站内构架引下 B 点接地并沟线夹发热

1. 故障现象及原因分析

变电运维人员在某 500kV 变电站红外测温时发现某条 OPGW 光缆 B 点接地处并沟线夹发热，如图 13-21 所示。外观检查 A、C 点接地均正常。现场测温发现 B 点并沟线夹温度为 245.6℃，B 点往上至 A 点处温度都正常，C 点并沟线夹测试温度正常。用钳形电流表测量电流，发现 B 点引下接地线上电流达 172A，C 点引下接地线上电流有 31.7A。现场检修人员对 B 点并沟线夹紧固处理后，该位置温度降至 36.5℃左右，但电流仍有 229A，如图 13-22 所示。

该 OPGW 杆塔端的接地问题可能会导致其感应电流分流关系的变化，引发 OPGW 接地引下线感应电流的增大。对于 OPGW 本身而言，超过 200A 的感应电流可能是异常情况引发的感应电流偏大，但根据学术论文《同塔双回输电线路导地线布置对架空地线感应电流的影响》《OPGW 光纤复合架空地线

图 13-21　B 点发热异常位置

173

异常发热现场测量分析及仿真》，线路 OPGW 存在中间杆塔入地电流小、两端入地电流大的情况，如图 13-23 所示，因此不排除两侧站内 OPGW 入地电流 200A 为线路无缺陷情况下感应引发。需要通过计算明确该线 OPGW 在不同运行电流范围下的感应电流、入地电流数值。

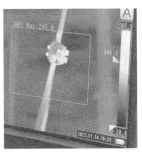

图 13-22　B 点电流和温度

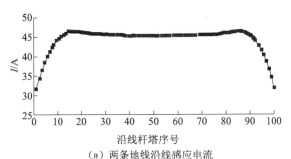

（a）两条地线沿线感应电流

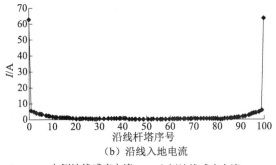

（b）沿线入地电流

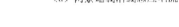

图 13-23　500kV 双回地线仿真结果

图片来源：《同塔双回输电线路导地线布置对架空地线感应电流的影响》

2.防范措施

① 在日常 OPGW 运维巡视中，将 OPGW 引下线红外测温纳入检查项目。

② 开展门型构架塔上 OPGW 的电流测量排查，对电流较大的光缆重点关注。通过无人机巡视，确认线路围墙外第 1 个耐张段逐基塔上光缆、接地线的接地方式及接地可靠性，如有条件开展围墙外第 1 基塔 OPGW 专用接地线两侧 OPGW 感应电流测量。发现接地不规范问题及时对其进行整改。

第14章

ADSS 典型案例

本章主要分析介绍 ADSS 因外部环境原因、小动物啃咬以及电腐蚀所产生的典型故障，针对典型问题提出防范措施建议。

14.1 ADSS 因火灾导致纤芯受损

1. 故障现象及原因分析

某 ADSS 发生部分纤芯中断，经故障定位和现场勘查发现该 ADSS 某处下方由于村民燃烧草垛，起火高温烘烤上方光缆，造成光缆局部烧伤，使纤芯受损，衰耗过大，故障点如图 14-1 所示。

光缆高温烘烤外皮硬化鼓包

此处为光缆鼓包处下放过程中滑轮刮破所致

图 14-1　被火烤过的 ADSS

2. 防范措施

工作人员对该段故障光缆进行重新架设及熔接修复。

为防范此类故障发生，在光缆运维中应重点加强光缆巡视力度与频度，在发现光缆通道附近存在施工、火灾等安全隐患时，应及时采取风险点交底、设立警示标识等保护防范措施，避免光缆中断事故发生。

14.2 松鼠啃咬导致 ADSS 中断

1. 故障现象及原因分析

某 ADSS 发生部分纤芯中断，经故障定位和现场勘查发现，该 ADSS 故障点外护套被松鼠啃咬致使光纤断裂，经现场排查，故障断点如图 14-2 所示。

图 14-2 光缆被松鼠咬伤

2. 防范措施

① 在环境因素方面，光缆线路架设部分穿过树林茂盛处，松鼠等啮齿类动物多栖息于此，线路通道下方树木生长后触碰到光缆，为松鼠提供了接触条件，因而成为松鼠啃咬破坏的对象。在光缆运维中，应定期对光缆通道下

方树木进行清除或修剪。

② 在人员因素方面，由于地处树林茂盛处，环境复杂，光缆跨距大，部分光缆架设区域人员巡视不到位，容易造成疏漏，不能及时发现松鼠啃咬隐患。后续应加强 ADSS 穿越树林部分日常巡视检查。

③ 在光缆结构因素方面，可采用防鼠咬结构光缆，对避免小动物啃咬故障发生具有一定效果。

14.3　电腐蚀导致 ADSS 断裂案例 1

1.故障现象及原因分析

电腐蚀是影响 ADSS 正常运行的重要因素，经分析发现，ADSS 因电腐蚀发生断裂的事故一般集中在光缆金具的固定位置附近。以某 ADSS 断裂事故为例，由事故现场发现，ADSS 固定金具预绞丝端部的护套出现了电腐蚀现象，且电腐蚀所造成的痕迹与高温烧蚀所形成的痕迹类似，露出了护套内部的芳纶纱。在电腐蚀比较严重的区域，光缆护套已经被烧毁，芳纶纱则出现了炭化（如图 14-3 所示）。主要原因为架设施工时不采取张力放线，光缆受到拖磨剐蹭，外护套损伤比较普遍；施工人员缠绕金具预绞丝时，违规用螺丝刀撬动，损伤光缆外皮；用普通电工胶布包扎损伤处，使胶布很快老化，这些不规范的施工工艺将加速电腐蚀作用。

另外，早期的 ADSS 采用普通的 PVC 材料加工制成防震鞭，在高压环境中，防震鞭老化、龟裂，一旦被击穿，防震鞭将会形成一个电导体。电流流过时产生极高的热量，该热量将导致光缆护套熔化、变形；同时在靠近金具的尾端，易形成电弧放电，烧坏光缆，如图 14-4 所示。

图 14-3　金具端部 ADSS 电腐蚀　　图 14-4　防震鞭发热烫坏 ADSS

2. 防范措施

电力通信 ADSS 发生电腐蚀是指在强感应电场的作用下，沿 ADSS 的走向，发生了从中部向光缆两端的电流泄漏。在正常运行条件时泄漏电流值很小，约在 0.1～10mA 之间，对 ADSS 的正常运行不会带来影响。但随着运行时间推移以及 ADSS 表面不断累积可溶性的电解物，泄漏电流将越来越大，最终致使 ADSS 损坏甚至断裂，这一过程就被称为电腐蚀效应。影响 ADSS 发生电腐蚀的因素是多方面的，例如 ADSS 外护套材料、运行环境情况、光缆挂点的选取以及施工质量等。具体防范措施如下。

① 将 ADSS 及其支承金具更换为耐电腐蚀的产品。

② 选择最优 ADSS 挂点。在选择 ADSS 挂点的过程中，首先要进行架空线路路径整体的现场勘测，计算线路杆塔四周分布的感应电场，选择合适的挂点位置，减小电腐蚀作用。

③ ADSS 光缆施工要求采用张力放线，在架设施工过程中不允许光缆在地面、铁塔等处拖曳摩擦，安装金具时应按照使用说明书和操作规范进行操作，避免在光缆上面施加异常外力，严禁野蛮操作。

④ ADSS 架设时可采用防电腐蚀的新型材料的防震鞭，安装时应将防震鞭外移，确保防震鞭与金具端部的距离在 1m 以上。

14.4 电腐蚀导致 ADSS 断裂案例 2

1.故障现象及原因分析

某 ADSS 线路故障导致承载业务中断，经排查发现该条 ADSS 于某杆塔挂点处断裂，断口呈抽丝状，未断裂侧 ADSS 缠有螺旋防震鞭，护套表面观察到明显的破损痕迹及少量鸟粪。近距离观察 ADSS 断口形貌，断口附近的外层护套减薄严重，呈明显塑性变形特征，护套表面未见明显炭化通道，内层护套断口处的塑性变形程度不明显，边缘存在一定的放电特征，芳纶纱断裂处存在炭化现象。剖开护套层后可以发现两根绿色和蓝色的套管断口处存在明显的放电痕迹，且光缆内部的阻水油膏已经结块失效（如图 14-5、图 14-6 所示）。

图 14-5 光缆放电蚀损伤部位　　　图 14-6 光缆与铁塔接触放电部位

经分析，故障原因为，该 ADSS 与铁塔塔材发生触碰，光缆外层护套因表面受污损导致护套与铁塔触碰处在水分子和周围电场的共同作用下引发电弧放电。在电腐蚀的作用下，逐渐导致芳纶纱炭化，内层护套开裂，加强芯被拉断，并最终引发光缆断裂。

2.防范措施

工作人员对该段故障光缆进行重新架设及熔接修复。鸟粪等污渍及与塔材接触摩擦损伤将加重电腐蚀效应，除防范电腐蚀的措施外，还应采取以下防范措施。

① 在光缆挂点上方安装有效的防鸟装置，防止外层护套表面受污损。

② 加强 ADSS 的日常运维巡视，重点巡查 ADSS 金具安装是否到位，特别注意光缆两端靠近杆塔部位，不能直接与塔材发生触碰，检查护套是否存在放电痕迹、裂纹乃至破裂等情况，尽早发现故障隐患。

第15章

普通架空光缆典型案例

本章主要介绍普通架空光缆的典型故障案例，针对该类型光缆主要的市政施工误断及来往车辆挂断两种故障进行分析，并提出防范措施建议。

15.1　市政施工误剪运行光缆

1.故障现象及原因分析

某光缆光路中断，经故障排查发现，现场有 1km 左右光缆及钢绞线被剪断并置于地面，该光缆与 10kV 电杆同杆架设，现场有多根 10kV 电杆已被拔除，光缆故障点如图 15-1 所示。故障原因为，该路段市政道路施工，同杆 10kV 电力线路已完成迁改工作，但光缆仍为在运状态，施工单位误认为光缆已退运，在未确认的情况下擅自拆除光缆线路。

图 15-1 光缆故障点

2. 防范措施

该段故障光缆经临时架设熔接完成抢修，后续迁改至 10kV 电力管道中。对此类情况应采取如下防范措施。

① 与属地配电运行单位应建立协同机制，时刻关注相关市政工程节点，与建设单位规划协调时主动告知电力通信光缆的重要性。

② 通信光缆运维单位应加强光缆巡视，对光缆路由沿线可能影响电力光缆安全的施工情况加强关注，通过安全告知书告知施工方采取安全措施，并协商采取合理方案尽早完成风险点光缆迁改。

③ 建立光缆外力破坏处置机制，明确光缆外力破坏主体责任，健全光缆外力破坏情况发生后追责、索赔、教育等流程。

15.2 普通光缆被施工车辆拉挂中断

1. 故障现象及原因分析

某随 10kV 线路架设的架空普通光缆发生中断。经故障排查发现，故障段跨越高架施工工地，工程货车未放下翻斗而超高，钩挂光缆，致使光缆及电杆均被拉断。故障现场如图 15-2 所示。

图 15-2　故障现场

2. 防范措施

该段故障光缆经临时架设熔接完成抢修，后续迁改至 10kV 电力管道中。对于此类情况，除 15.1 节案例提及防范措施外，还应采取如下防范措施。

① 对普通架空光缆挂高应密切关注，应根据现场环境，尽可能提升光缆挂高，防止下方车辆钩挂。

② 对普通架空光缆下方穿越施工现场的情况，应增设专人高密度开展特巡，严密监控光缆安全，及时汇报巡视情况。

第16章

管道光缆典型案例

管道光缆在电力通信中主要应用于城区通信网，主要风险源于外界自然环境及人为破坏因素。本章分析介绍管道光缆的几类典型案例，包含同沟电缆引起故障、外部施工破坏、桥架起火燃烧等，并提出防范措施建议。

16.1 电缆故障引起同沟道光缆燃烧中断

1. 故障现象及原因分析

某 10kV 电缆管道敷设的光缆上承载的光路陆续中断，经现场排查发现，与故障光缆同 10kV 管道敷设的 10kV 电缆中间接头绝缘击穿，出现瞬间高温燃烧，导致同井敷设光缆被烧灼中断，如图 16-1 所示。

2. 防范措施

① 该处光缆经重新展放熔接完成修复。根据现场情况分析，该光缆在管道内敷设工艺不规范，光缆在与 10kV 电缆同井敷设时与电缆发生缠绕，未做好隔离措施。在 10kV 电缆沟中敷设光缆时，应沿沟壁使用专用扣钉固定，隔离光缆与同沟 10kV 电缆。

图 16-1　10kV 电缆故障引起光缆燃烧熔断故障点

② 光缆与 10kV 电缆同沟道敷设时，宜采用阻燃护套的光缆或采取刷防火涂料等防火措施，可有效降低光缆燃烧程度，减少燃烧损伤。

16.2　市政道路施工引起管道光缆外破

1. 故障现象及原因分析

某城区主干管道光缆发生中断，造成分部、省公司及地市公司多业务中断。该光缆全程敷设于 10kV 电力管道，经现场排查，发现故障原因为城区市政道路施工开挖，损坏沿线 10kV 电力管道，导致光缆外破损坏造成承载业务中断。故障现场如图 16-2 所示。

图 16-2　市政道路施工引起管道光缆外破故障现场

该故障中市政施工单位在施工前未做好现场踏勘，未同电力部门进行沟通与现场交底而盲目施工开挖，导致电力管道及光缆故障。

2. 防范措施

① 管道光缆因市政施工外破中断时，首先应尽快将其上承载重要光路业务以其他光缆路由临时迂回恢复。光缆修复时，如施工不涉及光缆管道改动，仅为野蛮盲目施工意外损坏光缆管道及光缆时，可于原沟道重新敷设熔接修复光缆，并要求施工单位修复管道，进行安全保护措施；如施工涉及光缆管道拆除等情况，应与建设单位、施工单位及电力管道运维部门确认其他可用管道，将故障光缆段迁改至其他安全管道路由，避开施工区域；管道无法及时修复时，可采取地埋、架空等方式布放临时光缆熔接修复，并采取必要保护措施，待管道修复后对光缆进行重新敷设熔接。

② 加强运维巡视工作。在发现光缆路由沿线存在施工等安全风险时应及时上报，通过安全告知书告知施工方采取安全措施，必要时安排风险点监守，如确认光缆处于施工范围，应尽早制定方案完成风险点光缆迁改。

③ 加强标识标签管理工作。宜在通信光缆路由管道地段设立明显标识以警示告知。

16.3　水泥灌浆桩机超范围施工作业引起光缆外破

1. 故障现象及原因分析

某城区主干管道光缆发生中断引起多条光路业务中断，经故障定位及现场勘查发现，故障点处水泥灌浆桩机擅自超越输电线路红线保护范围施工作业，盲目施工导致10kV电力管道及光缆破坏，如图16-3所示。

图 16-3　水泥灌浆桩机施工导致管道光缆外破

2.防范措施

该段光缆被迁改至其他 10kV 电力管道中修复。城区光缆因市政施工外破情况及具体防范措施相似，可参阅本章 16.2 节。

16.4　火灾引起过桥光缆燃烧中断

1.故障现象及原因分析

某架空与地埋管道混合敷设光缆发生中断导致多条光路中断，经排查发现，该光缆由于过桥的通信管道被桥下的不明火灾烧熔变形，致使外护套受高温变形，导致纤芯烧断，如图 16-4 所示。

图 16-4　被烧毁的通信管道及光缆

2.防范措施

① 光缆在过桥段敷设时应采取必要的防火措施（如采用阻燃通信管道或带阻燃护套的光缆，光缆刷防火涂料等）。

② 加强光缆巡视工作，及时发现光缆运行通道的安全隐患。

③ 对光缆故障地段采取必要的隔离措施与防火措施，并清理光缆通道上堆积的易燃易爆物品，防止再次发生火灾引起光缆故障。

16.5　接续盒进水导致光缆中断

1.故障现象及原因分析

某管道光缆大部分纤芯发生中断，经排查发现，故障点位于一处被污水灌满的电力通信管道接头处。该处井孔积水，接续盒长时间遭污水浸泡，渗水与污渍导致内部纤芯老化断裂，接续盒施工工艺欠缺，密封性差，如图16-5所示。

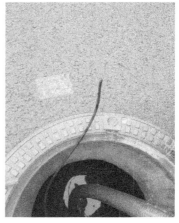

图 16-5　接续盒长时间浸泡致纤芯老化断开

2. 防范措施

① 应从源头严格把控，完善光缆接续盒安装施工工艺。在完成光缆接续密封接续盒时，必须确保接续盒密封良好，并将接续盒挂在井壁较高位置，防止井内积水浸泡接续盒。

② 加强管道光缆巡视，定期检查接续盒所在井孔是否存在积水浸泡现象。

③ 运行年限长时，管道光缆接续盒密封性降低，易发生纤芯断裂故障。在运维巡视中应重点关注运行时间长的管道光缆，增加巡视频次。

第17章

导引光缆典型案例

变电站导引光缆是指从站内光缆接续盒引下至通信机房的光缆，它起到将站内光配与输电线路上 OPGW、ADSS 等光缆对接的桥梁作用。本章主要分析介绍典型故障案例，包含光缆引下处故障、站内施工外破、机房内光纤配线架及尾纤故障等主要类型，并提出相关措施提高导引光缆运行可靠性，减少故障发生。

17.1 站内引下钢管积水结冰致导引光缆纤芯断裂

1. 故障现象及原因分析

某 OPGW 光缆 24 芯纤芯全部中断，经故障排查，故障点位于某特高压换流站内距光配 441m 处引下地埋段钢管内，故障当日现场气温接近 -30℃。抢修人员经破土开挖取出故障光缆钢管段后，发现钢管内部出现结冰，确定故障原因为极寒天气导致引下地埋钢管段内积水结冰，造成缆内光纤挤压形变中断，如图 17-1 所示。

图 17-1　引下钢管结冰导致纤芯断裂

2. 防范措施

① 在故障处置中，首先开挖预埋钢管，对取出的钢管进行抛光除锈，使用喷灯融化钢管里冻结的冰，并刷防锈漆，以防地埋钢管生锈。将处理好的钢管与原钢管进行焊接，采用套焊工艺，并在焊接口涂防锈漆。将光缆穿在 PE 管内，再将 PE 管穿入钢管用作光缆防水保护，并使用 3M 专用防水胶泥将钢管两端封口，最后安装封堵帽。

② 气温寒冷地区，导引光缆套管内积水或封堵工艺不规范时，极易造成地埋套管内积水冻胀导致光纤形变中断故障。针对季节性光缆冻胀问题，在导引光缆施工时应妥善进行防水密封处理，并在运维中加强日常巡检与隐患排查。

17.2　ODF 纤芯保护管破损引起纤芯受损

1. 故障现象及原因分析

某光路收光功率突然由 −27dB 降至 −36dB，达到光路临界值，随时有中

断风险。经故障定位和现场排查，发现该
光路所在导引光缆的光纤配线架纤芯保护
管出现破损，且有打火机烧蚀痕迹；同
时纤芯弯曲半径过小，有受损迹象。分析
原因为在施工安装中工艺控制不当，割破
光纤保护管未更换，并采取用明火修复伤
及光纤，在后续运行中光纤损伤进一步
扩大，导致损耗增加，故障点如图 17-2
所示。

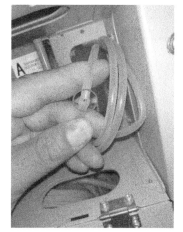

图 17-2　导引光缆 ODF 处保护管破损
引起纤芯受损

2. 防范措施

为确保通信传输光路长期安全稳定运行，对该光缆光配处进行重新熔接
修复。针对此类问题，在施工阶段必须加强把控及验收，工艺不规范时不得
投运直至完成整改。

17.3　ODF 熔接盘光纤连接异常引起光路损耗

1. 故障现象及原因分析

在某光传输通信系统工程联调测试阶段，现场工程师发现传输设备主备
光板收光值相差 5db 衰耗，使用 OTDR 测试光缆发现站内跳纤点损耗较大，
在跳纤点光纤配线架熔纤盘处发现法兰后方与接续区尾纤未拧紧，如图 17-3
所示。拧紧后纤芯损耗恢复正常，光传输设备误码消失。

2. 防范措施

由于光纤配线单元成品出厂时接续盘的尾纤已连接至法兰盘上，施工人
员在 ODF 侧光缆成端时，容易忽略对接续尾纤连接可靠性的检查。如成端

时未进行接续尾纤连接检查,后期会存在接触不良、连接损耗大、光路存在误码等现象,因此在施工完成验收阶段应注意检查接续尾纤与法兰连接是否可靠。

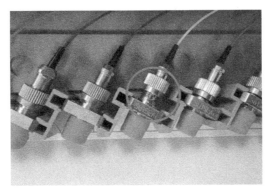

图 17-3   ODF 熔接盘法兰后方接头未拧紧

17.4   站内引下非金属光缆鼠咬案例

1. 故障现象及原因分析

某 OPGW 光缆承载光路业务部分中断。经现场排查,发现故障原因为 OPGW 引下余线架处非金属光缆被松鼠啃咬破损,如图 17-4 所示。

图 17-4   引下非金属光缆被松鼠啃咬破损

2.防范措施

构架引下接续盒处余缆遭小动物啃咬问题，可采用防鼠网对接续盒引出无金属光缆进行包裹处理，或将余缆架改为落地余缆箱形式，接续盒与OPGW余缆、非金属光缆余缆均置于余缆箱中，并做好落地余缆箱进、出光缆孔洞封堵工作。该方式下非金属光缆无裸露在外部分，可有效防止鼠类等小动物对非金属光缆的啃咬。

17.5　OPGW引下固定件脱落隐患

1.故障现象及原因分析

近年来变电站OPGW引下线光缆固定脱落多发，造成严重运行安全隐患。原因主要为钢带抱箍断裂和引下线夹橡胶垫老化所致，使引下光缆失去固定而脱落，如图17-5至图17-8所示。

图17-5　引下线夹橡胶垫老化致光缆脱落　　图17-6　钢带断裂引起光缆脱落

图 17-7　引下线夹橡胶块老化

图 17-8　线夹另一孔未放置同缆径线缆

2. 防范措施

　　线路处引下卡具可采用硬抱箍或软抱箍固定，杜绝使用钢带固定。软抱箍与钢带的区别为：软抱箍采用带卡扣件实现紧固，由一个活动卡扣和一个带有连接螺杆的终端卡扣组成，紧固时将钢带插入活动卡扣中，再通过连接螺杆的紧固螺母实现固定；钢带采用带齿扣件实现紧固，它由一个带齿螺栓和一个带有凹槽的夹具组成，紧固时将带孔钢带插入夹具的凹槽中，压紧带齿螺栓，通过齿形结构的咬合作用实现紧固（如图 17-9、图 17-10 所示）。由于钢带自身耐腐蚀能力与强度不高，运行一段时间后会出现生锈、老化、腐蚀的现象，导致钢带物理性能急剧下降甚至出现断裂，最终使得 OPGW 引下线段失去固定，影响安全运行。

图 17-9　软抱箍

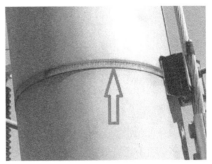

图 17-10　钢带易发生老化断裂

对于引下橡胶垫块固定线夹，应采购即使绝缘垫块老化后也不致光缆从线夹中脱出的固定金具。

17.6　ODF 光纤老化受损

1. 故障现象及原因分析

某光路单侧无收光，经故障定位排查发现，光纤配线单元中纤芯保护管内裸光纤涂敷层脱落，导致纤芯失去保护，长期运行中发生折弯受损，如图 17-11、图 17-12 所示。主要原因为在施工过程中，施工人员为光纤穿入保护管时顺滑便利，向保护管注入过量酒精（或清洁液）而未能及时排出，存积于保护管中，久而久之对管内纤芯造成浸蚀，纤芯着色层和涂敷层脱落，失去其保护作用。

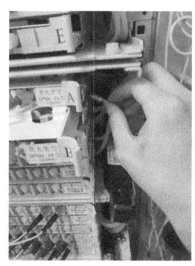
图 17-11　断点位置

图 17-12　故障点近景

2. 防范措施

该故障经重新熔接光配恢复。对于此类问题，施工过程中应保证导引光缆与光配接续过程的环境干燥，对裸光纤进行完全清洁，纤芯保护管禁止注入液体，避免水汽和化学试剂对涂覆层进行腐蚀导致其脱落；做好工艺验收把控，工艺不规范时不得投运，直至完成整改。

17.7 尾纤被小动物啃咬中断

1. 故障现象及原因分析

某光缆承载光路业务部分中断，排查发现某 500kV 变电站通信机房站内光配背面盘纤部分尾纤断纤，经判断为小动物咬伤所致，如图 17-13 所示。

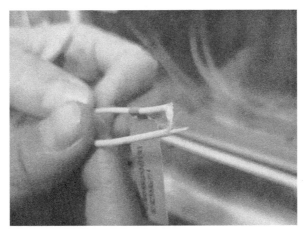

图 17-13　光配架熔纤单元跳纤中断

2. 防范措施

通信机房内应做好防小动物措施，如封堵机房所有与其他区域、其他楼层相通处以及机柜内部孔洞，加装防鼠板等。将普通尾纤替换为铠装尾纤可有效杜绝小动物啃咬（如图 17-14 所示）。

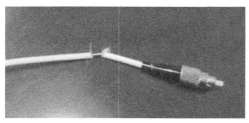

图 17-14　铠装尾纤

17.8　导引光缆因站内施工破坏中断

1. 故障现象及原因分析

某 500kV 变电站 OPGW 导引光缆在站内中断，造成多条分部及省网传输光路中断。经调查，故障原因为变电站内实施主变扩建工程，施工时盲目使用大型机械破路开挖，未及时发现地下埋管，导致站内导引光缆及其他控制电缆受损中断。故障现场如图 17-15 所示。中断光路率先通过其他光缆路由迂回抢通，同时立即开展光缆抢修，经重新敷设熔接后故障排除。

该故障事件暴露出该变电站内施工工程设计单位踏勘深度不足，施工项目部作业前现场踏勘深度不足、交底不到位等问题。

图 17-15　光缆中断故障现场

2.防范措施

① 站内施工中，建设单位应加大工程前期组织协调力度和深度，设计单位应加强设计踏勘，确保施工设计深度与准度，施工单位应强化现场作业管理，加强作业风险辨识及风险管控力度。

② 举一反三，开展变电站进站光缆排查工作，排查各变电站光缆的进站方式，建立"一站一册"完善图纸资料。

③ 同步排查导引光缆挂牌及警示标识设置完整性，应采取粘贴、订附、喷涂等方式对变电站站内管廊、沟道进行显著标识，并做好站内导引光缆标识标牌完善工作。

第18章

其他光缆典型案例

本章综合 OPPC 及海底光缆典型故障案例进行分析及介绍,并提出防范措施建议。OPPC 因光缆与相线结合,线路故障率较低,主要故障点以接续盒为主;而海底光缆在敷设及运行时,容易受外力等影响出现故障。

18.1 OPPC 接续盒进水结冰导致纤芯断裂

1. 故障现象及原因

某冬日凌晨 4 点,气温低于 0℃,某 35kV 自动化通道中断,经分析判断故障原因为,所在光缆部分纤芯中断,故障点为线路某塔 OPPC 光缆接续盒内。日间气温回升至 0℃以上,业务通道自动恢复正常。数日后气温再次下降至 0℃以下,通道再次中断,当日下午由于气温回升,通道再次恢复正常。

现场打开接续盒发现其内部尾纤出现水浸现象,部分纤芯断裂,如图18-1 所示。去除积水并重新熔接光缆后,光缆恢复正常。

图 18-1　接续盒内纤芯断裂

经分析，故障原因为接续盒密封不良，山区水汽通过缝隙进入接续盒内发生浸水，气温较低时接续盒内结冰，使光纤产生微弯损耗或断裂，导致通信中断。部分光纤在温度回升、浸水结冰融化后，微弯损耗消除，通信恢复。

2. 防范措施

此类故障同样多发于 OPGW 等其他类型光缆，因此在光缆施工中，应对接续盒密封工艺进行严格要求，加强线路接续点随工验收，保证接续盒密封良好。

18.2　光纤复合海底电缆受船只锚损中断

1. 故障现象及原因分析

某海底光电复合缆发生中断，断点距登陆点 300m，电力线路同时跳闸。经排查，该光电复合缆受到外力破坏，现场如图 18-2、图 18-3 所示。经过与海事部门沟通，确认中断原因为船只在大风天气走锚，将多条海缆钩断。故障光缆经重新熔接敷设恢复。

图 18-2　海缆外层破损

图 18-3　海缆断开处

2.防范措施

① 完善与海事联动的海底光缆监控平台，及时驱离保护区内的船只。

② 施工时应做好海底光缆的埋设，尽力保证埋深达到 3m，潮间带区域使用水泥盖板等加固，以提高海底光缆运行可靠性。

18.3　光纤复合海底电缆受应力过大导致纤芯中断

1.故障现象及原因分析

某年 9 月，通信人员对投运半年的某 220kV 光电复合缆进行测试，发现 36 芯中前 12 芯距离登陆点 2.5km 中断。10 月，通信人员复测发现，36 芯中有 27 芯距登陆点 2.5km 中断。通信人员又对相邻 220kV 光电复合缆进行测试，发现有 2 芯距离登陆点 1.5km 中断。后续测试中未发现劣化。

该 220kV 海缆登陆点附近管线情况复杂，有运营商通信光缆、输水管道、输气管道等，其他管线检修时与电缆较近，易发生拉扯。初步判断该处光电复合缆投运后被其他单位打捞或触碰受力，因应力过大导致光纤不锈钢管弯折引起纤芯中断，而电缆部分未发生故障，仅有电缆外层的光纤故障。考虑到各方面因素，不会对海缆进行打捞和修复，因此无法获得实际故障照片。

2. 防范措施

一般来说，光电复合缆纤芯运行安全性低于独立敷设的海底光缆，此类故障情况较为常见，可采取以下措施防范，减小其他外界因素影响。

① 做好海缆敷设时的工艺管控，做到监理全程旁站，重要工序随工验收，保证施工时船速、入海角、埋深符合要求。

② 重要海缆必须进行埋设，不可直接抛放于海床上。

③ 海缆路由设计时应避开硬质基岩区域，确保海缆可以埋设于海床下。

18.4 光纤复合海底电缆绝缘击穿导致纤芯中断

1. 故障现象及原因分析

某 35kV 光纤复合电缆出现光纤大量中断，检测断点距离登陆点 2km 左右。与输电专业联系，确认该电缆出现电气故障，故障位置与通信专业测量一致。故障时海缆监控系统未发现过往船只，后续打捞确认，该光电复合缆接头处绝缘击穿，引起纤芯中断，如图 18-4、图 18-5 所示。该光缆故障段经重新接续及布放完成故障修复。

2. 防范措施

① 海底光缆施工中应做好工艺管控，缜密编制施工方案，全程按照作业指导卡进行施工，把握温湿度、应力释放、灌胶时间等细节，确保海缆接头内部绝缘可靠。

图 18-4　绝缘击穿的海缆

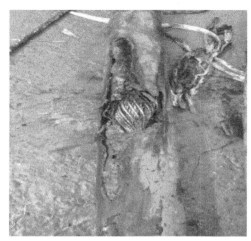
图 18-5　绝缘击穿的海缆接头

② 做好海缆材料质量把控，选取工艺品质较好的海缆产品，确保海缆厂商产品可以满足生产需要。

18.5　光纤复合海底电缆敷设受力不均匀导致光纤中断

1. 故障现象及原因分析

某 35kV 光纤复合海底电缆完成敷设后，通信人员对该纤芯进行测试，发现 24 芯光纤全部中断，断点距岸边较远，位于海底。

该缆全长 35km，工期持续 9 天，施工期间船只在大风时曾抛锚停泊，停泊期间敷设中的海缆出现受力不均而打扭，通过仪器测试分析判断光单元管变形破损，纤芯受力中断。而电缆部分测试正常，未出现绝缘破损、击穿情况，未对光纤故障处海缆进行打捞修复。

2. 防范措施

① 在光纤复合海底电缆施工中，敷设过程中应保持一定的张力，避免海底光缆打扭，海缆受力不均匀，如图 18-6 所示。

② 施工前做好气象情况的评估，避开大风天气进行海缆施工。

③ 建议敷设时使用新型施工船，以适应更恶劣的天气条件。

图 18-6 光纤复合海底电缆敷设施工

第19章

异构光缆典型案例

异构光缆指不完全随一次线路敷设的 OPGW，因光缆并非完全按照同名输电线路架设，在一次线路改造施工中极易导致 OPGW 被误断。本章介绍了两起典型 500kV OPGW 异构光缆误断案例，及异构光缆隐患的综合管理防治措施。本章案例光缆均非实名。

19.1 两起典型 500kV OPGW 异构光缆误断案例

1.故障现象及原因分析

（1）500kV 华水 5101 线 OPGW 中断事件

2020 年 3 月 8 日 10：52，某地市 500kV 华水 5101 线 OPGW 中断，造成所承载的国网、分部、省公司和地市公司共 20 条光路中断。

因区域电网送出工程改造影响，计划当日进行钱华 5858 线 39 号至 41 号塔 OPGW 开断施工，本次开断点为距华天变约 1.18km 处，钱华 5858 线 #41 塔，但未核实 500kV 钱华 5858 线 #33 塔至 500kV 华天变 OPGW 段，实际为华水 5101 线 OPGW，与钱华 5858 线 OPGW 存在异构，实际工作开断了非计划内的华水 5101 线 OPGW。开断位置光缆结构如图 19-1 所示。

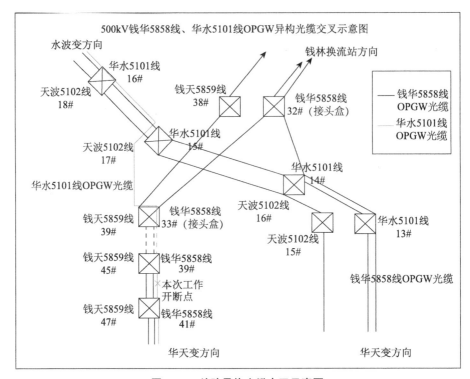

图 19-1　故障异构光缆交叉示意图

（2）500kV 和平 5114 线 OPGW 中断事件

2022 年 4 月 12 日 16：18，某地市 500kV 和平 5114 线 OPGW 中断，所承载分部 4 条、省公司 3 条及地市公司 2 条共计 9 条光路中断，15 条 500kV 及以上线路保护、3 条安控、4 条 220kV 线路保护的其中 1 条冗余通道中断。

经现场核实，睦人 5212 线／和平 5114 线光缆路径复杂，在和睦变出口处合用 1 条 48 芯光缆，在 #5 塔处分成 2 条 24 芯光缆，在 #22 塔处汇聚成 1 条 48 芯光缆，在 #40 塔处分成 2 条 24 芯光缆，在 #45 塔处分别至人洁变、良平变，之前未发现在 #5—#22 塔之间存在光缆与一次线路路径不一致的情况，该段异构具有一定的隐蔽性，无法通过常规巡视发现，造成4月7日睦人5212线停役后地线拆除时和平5114线光缆中断，该异构光缆结构如图19-2所示。

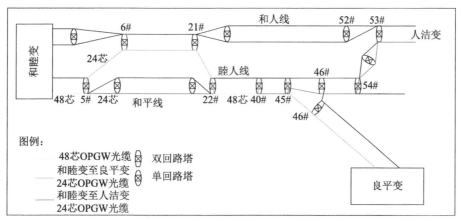

图 19-2 睦人 5212 线、和平 5114 线异构光缆结构示意图

（3）故障原因分析

① 本次施工设计图不符合现场实际情况，设计单位在迁改工程设计勘察及收资过程中未及时发现 OPGW 线路存在交叉换位异构的特殊情况。

② 线路运行单位未核实清楚施工段的光缆运行信息，对于该光缆特殊情况无详细备案记录，线路现场光缆交叉段无相应标识，导致迁改实施过程中误剪光缆。

③ 线路运行单位日常运维过程中运行资料维护不细致，不完善，对现场情况缺乏掌握。

④ 施工过程中通信专业未充分监护并配合相关测试。

2. 防范措施

① 对故障 OPGW 光缆完成整改，取消异构结构。

② 通信专业应与输电专业协同，全面深入排查整改 OPGW 未随一次线路本线架设情况，按"疑点从有"方式对 OPGW 路径进行标识，对异构光缆

段进行单独命名、挂牌，做好备注，确保落实所有异构光缆的管理，同时按"能改尽改"原则，严格落实整改措施，降低光缆运行风险。

③ 通信专业应强化光缆工程图纸资料管理，督促设计单位及时向运行单位充分收资，确保设计深度，且设计内容与实际运行情况相符。

④ 强化工程项目施工管控。OPGW 所在输电线路检修申请单应明确检修杆塔区间范围，提高管控精细化程度；对于重要光缆检修工作，通信专业应在现场做好监护，准备仪器仪表做好充分的应急准备，对工作过程中的异常情况第一时间开展相关测试和分析处置。

⑤ 加强新技术应用，在 OPGW 开断检修工作前试点应用敲击振动检测等手段进一步确定工作对象，作为最后一道防线。

19.2　异构光缆隐患的综合管理防治

1. 隐患背景及原因分析

异构光缆隐患指 OPGW 不完全随一次线路敷设，输电线路在基建、改造等各类工作中由于配套变电站接入光缆开口、进站廊道受限而采用同塔四回路、线路改接等原因造成光缆异构的产生，OPGW 隐患从线至端至点逐层排查困难，涉及专业与部门众多，位置隐蔽不易发觉。异构光缆隐患主要成因如图 19-3 所示。

2. 防范措施

（1）规范异构光缆资料管理

应规范建立 OPGW 资源台账管理制度，准确编制 OPGW 异构光缆的一线一册，按月度运行方式进行更新。

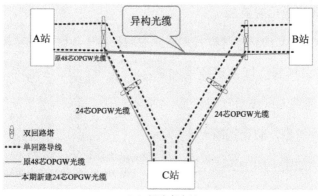

（a）新建变电站

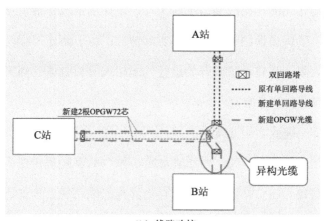

（b）线路改接

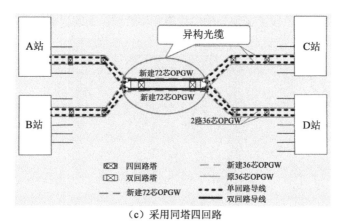

（c）采用同塔四回路

图 19-3　异构光缆成因图示

（2）明确光缆标牌要求

应明确 OPGW 线路标牌样式规格，在路径不一致区段的显著位置加挂独立 OPGW 标识标牌，以便现场一次线路本体或 OPGW 开断检修时确认工作对象，防止误断光缆，标牌样例如图 19-4 所示。

图 19-4   异构光缆标牌样例

（3）加强新建及迁改工程基础资料管控

涉及异构光缆的一次线路改扩建工程，设计单位应仔细负责现场勘察、施工交底等，确保设计图纸符合现场实际情况；对于新建工程，加强建设阶段基础资料收集，从建设阶段开始进行光缆相关资料收集建档工作，确保异构光缆图纸等资料记录准确。

（4）异构光缆数字化管理

建设通信光缆 GIS 系统，叠加输电线路和 OPGW 地理走线，直观展示全网电力输电线路、OPGW 路由，可对存量异构光缆路径、分支进行清晰、详尽的电子地图及相关资料展示，对此类隐患有全面的警示与把控，进一步丰富 OPGW 精益化管理手段，实现与输电线路联动管理，系统界面如图 19-5 所示。

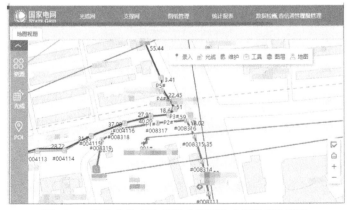

图 19-5   通信光缆 GIS 系统实现异构光缆数字化管理